化妆的哲学

改变人生的美妆秘籍

蕊姐 *Regina* 著

化学工业出版社
·北京·

献给我此生最好的礼物
我的女儿小柚子

内容简介

这是一本可以全方位、加倍提升女性形象的"美妆宝典"。书中介绍了作者作为国际造型师10年来的护肤经验和化妆技巧，能帮助读者进行全面的皮肤护理、日常妆容提升以及健康的体态管理。内容跳脱模式化的护肤和化妆基础讲解，作者将自身十余年的经验和实用的方法倾囊相授，还包括多年来对美的探索和多层次理解的深度分享，写成了这本简单、有效又实用的变美宝典。

同时，本书作者作为全网粉丝数量超百万的化妆导师首度公开心路，讲述自己如何从一个商科末流学生逆转人生，发现自己的美妆造型兴趣并追随梦想，成为优秀的国际化妆师的经历。她鼓励读者提升认知，持续学习，拓展眼界，去拥抱人生的无限可能。

变美是全面的，不仅仅是外表的美化，更重要的是内在的自我成长。通过化妆和形象管理这件事，女性可以逐步地认识与接纳自我，从而更自信地面对人生的各种挑战，描绘出自身的"美力蓝图"！

图书在版编目（CIP）数据

化妆的哲学：改变人生的美妆秘籍 / 蕊姐Regina著
. — 北京：化学工业出版社，2022.6（2024.8重印）
ISBN 978-7-122-41047-4

I. ①化… II. ①蕊… III. ①化妆-基本知识 IV.
① TS974.12

中国版本图书馆CIP数据核字（2022）第048803号

责任编辑：孙梅戈　　　　　　　文字编辑：蒋丽婷　　陈小滔
责任校对：田睿涵　　　　　　　装帧设计：景　宸

出版发行：化学工业出版社
　　　　　（北京市东城区青年湖南街 13 号　邮政编码 100011）
印　　装：北京宝隆世纪印刷有限公司
710mm×1000mm　1/16　印张 16¼　字数 220 千字　2024 年 8 月北京第 1 版第 3 次印刷

购书咨询：010-64518888　　　　售后服务：010-64518899
网　　址：http://www.cip.com.cn
凡购买本书，如有缺损质量问题，本社销售中心负责调换。

定　价：98.00 元

构建"美力蓝图"，
成为更好的自己

时间回到 2004 年，那时我刚刚来到澳大利亚读大学，金融专业。当时年纪小，对于未来还很茫然，选择金融不是因为感兴趣，而是因为相对来说更容易找到稳定工作。记得好几次，我在坐火车去学校的路上，边看着车窗外的风景边自己："未来我想过什么样的人生呢？"那时候的我，完全没有答案。

我只记得，在漫长的大学生活里，我的书包里装的常常不是课本，而是时尚杂志。我从 15 岁就爱上看杂志，欧美的、日本的统统都看，那些五颜六色的彩妆，前卫的时尚大片，包括夹缝里的广告，这一切都太吸引我了！原来还有这样一个世界，化妆竟能带来如此丰富的变化，能给人带来如此美好和疗愈的感受！那是一个 MSN 和 QQ 空间的年代，打电话都还要用 IC 卡，更没有微博和美妆视频，杂志是我唯一的资讯来源和精神食粮，也可以说是我的美妆启蒙老师。

毕业之后，我找到了一份还不错的工作，成为了一名会计师，但对于化妆的热情丝毫没有减少。我开始在海外的论坛写博客，分享对于化妆的见解和自己摸索到的一些心得。渐渐地，我得到越来越多的反馈，也有了一些追随的读者。那时，我可能用了过半的上班时间在写博客，负责公司财务的我，经常因为上班不走心而算错账，我还曾经在开给其他公司的支票上多写了一个零。现在想想，那时候的老板对我真的很宽容……

有一天，男朋友问我："既然你这么喜欢化妆，为什么不好好去专业院校学一下，然后把你的兴趣变成职业呢？"什么？！把兴趣变成职业？这我可从来没想过。我知道，现在有很多人还是和当年的我一样，有一个根深蒂固的想法：我们的工作，一定是自己不喜欢的。我们的兴趣，一定不可能成为工作，更别说赚钱养活自己了。

但我又想，如果不趁着年轻的时候去冒险、去做自己想做的事，以后老了后悔怎么办？于是，我辞职了，决定去追寻梦想。当时接连去读了两所化妆学校，找了一份化妆品专柜的兼职工作，也就是从那时候开始，偶尔接到一些婚礼或剧场的化妆工作，这就算正式入行啦。我还记得，刚刚做化妆师的第一年，挣得特别少，干得特别多，常常一天下来工作12个小时，一顿饭都吃不上。因为新入行，别说挑工作，只要能做化妆这件事，就已经觉得幸福了。那时的我每时每刻都沉浸在化妆里，充满新奇、快乐和成就感，也是第一次感受到，原来这就是工作被赋予意义的样子。回想起以前坐办公室的时候，一到周一就盼周五，浑浑噩噩过着日子。成为化妆师的我，经历的已经是完全不同的人生了。

再后来，我开始做自媒体、视频，为杂志写专栏，出课程教学，海内外巡讲，我慢慢发觉，我的兴趣是在时尚方面。为了能有机会认识我的偶像雷·莫里斯（Rae Morris，国际顶级时尚化妆师之一）并得到学习的机会，我去参加了一个国际彩妆大赛，这个比赛的最高奖项，就是跟在雷的身边工作两天，近距离学习。我花了四个月的时间准备比赛，设计方案改过无数遍，模特定妆十几次。当时我告诉自己，只能有一个结果，就是赢！这是我从小到大下过的最大的决心，因为我太渴望这个学习的机会了，我太希望能走到更高的地方去看看这个世界了。

　　然后，我赢得了比赛。我不只在雷的身边工作了两天，还成为她的入门弟子，跟着她学习了整整三年。这三年对我来说，可以说是飞速的成长，我真正跨入我梦想的领域了。雷对我来说，不仅仅是恩师，更是重要的朋友和贵人！随着那几年的积累，我慢慢可以跟最好的杂志、最棒的摄影师、模特和明星客户合作，也作为葆蝶家（Bottega Veneta）和圣罗兰（Yves Saint Laurent）等品牌的指定化妆师，每一季去纽约、米兰、巴黎参与时装周造型工作。这一切现在回想起来，都还像是做梦一样。我想，当你决定竭尽全力去追寻梦想的时候，你的人生也会变得像梦一样美好。我所说的美好，和物质无关，当你真正沉浸于一件事，投入全部，心无旁骛，得到更多的是你内心的快乐和满足感，有一种强大的信念和内驱力推动着你前进，你会找到生活的意义。

　　后来，我成为了澳大利亚欧莱雅集团的品牌培训顾问。常常给专业化妆师们讲课，也曾为几个国内外品牌做产品研发顾问。这两年开始，我的工作重心回归到化妆教学的普及和传播。不只是为企业做培训，更多的是面对普通大众女孩。我想，"美"是每个女性都需要学习的课题，尤其是中国女性。回想在澳大利亚这些年，说实话，进入西方的主流时尚圈是不容易的，因为文化背景真的差别太大。在十年前，这个领域没有人在乎中国市场；即使是现在，全世界都开始把目光聚焦在中国，但时尚圈对于东方美仍然有深深的误解。尤其当我在欧洲工作的时候，发现很多的世界顶级设计师，想要传达的"东方色彩"都变了味儿，根本不是我们心里真正的中国美。

于是，我就有了更大的愿景和目标，我希望——

帮助每个女孩都学会化妆，用化妆改变中国女性！

我记得，十年前我还在专柜工作时，有一个资深的华人化妆师告诉我："你想进入时尚圈太难了，并且你是中国人，根本不可能！"当时她的话有一点打击我，但我心里总还是不甘心，我想，试试呗，努力过也不会有遗憾。今天，我就站在这个别人曾经告诉我不可能登上的舞台，用我微薄的力量影响着上百万个女孩。我相信，当我们自己足够强大和优秀，就会有能量向这个世界展示我们的文化，告诉别人真正的中国是什么样，真正的东方美是什么样！

2019年我正式创立了蕊姐美妆学院，一个化妆和美学的在线课程平台。回归初心，我想在接下来的时间，好好普及化妆和美学教育。不只是教专业化妆师，更要教所有普通女孩们学会化妆，培养她们发现美的眼睛，让她们享受化妆的美好和生活里的美好！

回想起2010年，我准备从会计工作岗位辞职的时候，当时的老板曾找我长谈过一次。对，就是那个我每天在办公室混日子，还对我百般容忍的老板。他是对我职业道路转变影响特别深的人，也是我尊敬的前辈和朋友。我和老板聊了聊我关于化妆的梦想，他告诉我三句话，这三句话一直影响我到今天：

跟随你的内心吧，如果你有什么热爱的事，那就立刻行动，否则它就只是梦而已。

生命的方向盘，永远掌握在自己手里，只有你有权做决定。

当你付出100%的努力时，你才会看到100%的结果，99%都不行，必须是100%！

那时候我 25 岁，还不能特别透彻地理解这几句话。但我记得，当时我坐在老板的办公室里，哭得稀里哗啦，好像内心有什么东西被深深地触动了。这三句话，在这些年里，我也会常常讲给我的团队和学生们听，它是一种炙热的、感动的、笃定的力量，一直激励、推动、影响着我。

　　今年，刚好是我成为化妆师的第十二年。此刻的我，正在书写人生的第一本书《化妆的哲学：改变人生的美妆秘籍》。十二年前的我，绝对想象不到今天的自己正过着这样一种人生。我反复思考了很多次，我希望这本书会为读者和学生带来什么呢？除了化妆技巧和护肤瘦身知识以外，它其实更像是一个关于蜕变的故事。美，从来都不只是外表，更重要的是来自内心的自信、坚定、优雅、从容，是时刻都自带一种感染力和美好的力量。我希望让更多的女孩看到可能性！关于成长和实现梦想的可能性，由内而外，全面升级。构建一幅属于你的"美力蓝图"，成为更好的自己。

　　所以，你准备好了吗？

目录

PART **5** 好身材，只是健康的附加值

PART *6* 具备成长力，美好全面升级

PART 1

养成
美好思维力

美，就是你心中
向往的样子

在讨论美这件事之前，我们先来聊聊心理学。美国著名心理学家亚伯拉罕·马斯洛在《人类动机理论》中，提出了需求层次论，他认为人的动机是由人的需求决定的。他将这些需求分为五个层次。

生理需求：指的是维持人类生存的基本需求，包括食物、水、空气等。当生理需求得不到满足时，我们的思考能力和道德水平都会下降，也就是什么都不想，只想让自己活下去。

安全需求：指人们对于自身安全、秩序、稳定的需求。当我们觉得身边的一切事物都是危险的时候，就会变得紧张、焦虑不安。在安全可控的环境中，我们才能更好地关注内心更深层次的需求。

归属与爱的需求：指人们需要与他人建立情感关系，例如朋友、家人和爱人，这些情感会让我们感受到自己的价值。我们希望自己归属于某个群体，与他人相互关心、相互照顾。这属于比较高层次的需求，但人们常常因为追求归属感而产生从众行为。

尊重需求：包括成就、名声、地位和自我价值的认同感，这也是大多数人所处的需求层级，希望自己被认可，获得他人的尊重与认同。在追求这种需求的过程中，人们容易被虚荣所吸引，用积极行动来获取他人的认同，误把名利当成证明自己的手段。

自我实现需求：这是最高层次的需求，指的是最大程度地发挥自身潜能，不断地成长和完善自己，不为他人和外界影响，努力实现自身理想，成为自己所期望的人。如果缺乏自我实现需求，会觉得自己生活空虚，毫无意义感。

在马斯洛看来，这五个层级的需求，是由低到高逐级形成并得到满足的。例如一个吃不饱饭的人，他的目标就是找到食物先填饱肚子。一个缺乏安全感的人，他对生命的追求就是环境的稳定和安全。

这时候我们可以想想看，对于美的追求，属于人类哪个层级的需求呢？

在我超过十年的工作当中，接触过无数女性，了解到不少人对于美的理解可能还只停留在"外表美好"上，认为"美 = 长得漂亮"。大众审美有时会塑造一种无形的标准，例如大眼睛、高鼻梁、脸形精致、皮肤白皙、体重不过百，不少女性会以某种特定标准去做脸部微调，甚至用一些更加极端的方法，就是为了让自己的脸看起来符合"标准"，甚至相信外貌会决定自己的命运。这也就是为什么大家在网上看到越来越多的美女，样子越来越相似的原因。

在我看来，人们对于美好容貌的追求，可能多数介于"归属与爱的需求"和"尊重需求"之间。例如我们常常都会听到女孩们说：
"我从小就有点胖，没有人愿意跟我做朋友，所以我有些自卑。"
"我长得不好看，从来都没办法融入到同事们的圈子里，所以我很内向。"
"我的样子很平凡，找不到男朋友，可能没有人会喜欢这样的我吧。"
……

女孩们很容易觉得：
职场发展不顺，是因为不漂亮；
不被尊重不被爱，是因为不漂亮。

所以才希望通过改变样貌，来更好地获得群体归属感，获得他人的认可和尊重，得到自己内在价值的肯定，也就是很多女性们常常认为的"自信"的来源。

每一次在我的线下演讲中，我一开场一定会问大家一个问题："我们为什么要化妆？"

基本上同学们给我的回答都是："变漂亮"和"变自信"。

渴望通过化妆变漂亮，这当然再正常不过了。可是，我们需要思考的问题是，这背后的需求和动机，因为这会对你化出来的妆造成最直接的影响。关于内在动机与物质生活关系的理论，常常可以放在人生的方方面面中去理解。

大家以往以为的顺序可能是：

To do（行动）— To have（拥有）— To be（成为）

这是什么意思呢？套用在化妆与其对生活的影响上就是：

化妆—外貌的改变—获得认可与尊重—变得更自信—过上更美好的生活

你们有没有在电视剧中看过这样的剧情，一个胖胖的女孩，在成长的道路上遭遇各种的嘲讽、轻视和排挤，不被理解也不被喜欢。有一天她下定决心减肥，靠着毅力瘦下来，变美了，但这个苗条的身体里装着的，却还是从前那个胆小自卑的胖女孩。

这说明什么呢？我们的外表和建立自信，并没有直接的关系。化妆，一定是能让人变美的，但并不一定能真正满足"归属与爱的需求"和"尊重需求"。因为认可与自信，往往并不是别人给予的，而是来源于自己的内心。

现在我们来试着改变一下顺序：

To be（成为）— To do（行动）— To have（拥有）

自我认知和接纳—提高自尊/享受生活/化妆—获得自信—变美

有没有发现，化妆的位置有了很大变化？我认为很多人的问题，是把"因"和"果"的顺序弄错了。

所以，"自我认知和接纳 — 提高自尊 / 享受生活 — 获得自信"以上这些，全都是变美的前提。当你做到自我认知和接纳，才有可能提升自尊和自信，然后才能感受到爱，这里说的爱，不仅是对他人的，也是给予自己的。

你得明白，美的标准从来都不是单一的。来到这个世界的每个人，都如此不同，大到长相、高矮胖瘦，小到我们手指的一个关节、一个指甲盖，都没有一模一样的，这本身不就是大自然的奇妙之处吗？美，应该是多样的，也应该是独特的，没有一个特定的概念说，什么样子是美，什么样子是不美。当我们能够理解，美就是包容和接纳，美就是与众不同，我们才能处在一个舒服的状态，真正获得自信，并且享受当下。

英文中有句话叫"Feeling good"，中文也有句话"自我感觉良好"。虽然有时候在一些语境下，这句话可能并不一定是褒义，但我觉得这句话就是最贴切的翻译了。"自我感觉良好"就是处于舒适和接纳的状态，不为外界干扰，不评判、不责备，完整地接受和喜欢着自己。那么，在身心放松、接受自我的前提下就可以开始化妆，开始改变了。

这时候，化妆才会真正为你加分。你不再会为了想要改掉你的单眼皮，而去刻意化过于浓重的眼妆、贴好几层假睫毛；也不会再为了追求变白，用着完全不贴合你肤色的、充满面具感的粉底。这时，你化的妆，会恰当得刚刚好，会带着属于你的光芒，最大限度地去展现你自身的美好！

　　所以，当我们把"外表的美"与"爱、归属、尊重等需求"拆解开，了解到它们之间并没有直接的联系，我们是不是就可以专注于将自己的内在需求推动到最高层级——自我实现上来呢？让"自我实现"成为我们的最大动力，那么我们到底要实现什么呢？

　　那就是：要成为更好的自己！要赋予生活意义，要书写自己的人生剧本，要看到每一个可能，要成为自己向往的样子！这，就是美。

当化妆被赋予意义，
才能为你加分

很多女孩在初学化妆时，可能都是茫然的。照着网上的教学视频一步一步地跟着画，但完全不知道自己在画什么，也不知道每一个步骤的意义，更不确定自己画得对不对、好不好看。有时可能也只是为了买而买，为了画而画，可以说只是例行公事地把彩妆"涂"在脸上而已，只是为了告诉别人：

"看，我画了眼影！"

"看，这是新买的口红！"

这样的妆，是死板的，没有灵魂的。我听过很多学生说，身边的人给她们化妆的评价"你画了还不如不画"或"化完妆老了十岁"。她们听到这样的反馈，顿时就失去了信心，会给自己下一条定义——"我可能根本不适合化妆"，于是从此再也不敢碰化妆品了。

在我看来，这世上没有"不适合"化妆的人，只有"不够了解化妆"和"不够了解自己"的人。她们正是因为缺失了方法和原理、缺失了观察和思考，才在一开始就走错了方向，所以妆容无法让她们看起来更美。

我把以上做法称作"无意识"的化妆。而真正的化妆，应该是有意识的。这是什么意思呢？例如，在你画底妆之前，要思考：

"我今天的皮肤好像有点干燥，得用一些保湿滋润的妆前乳。"

"最近睡眠不好，黑眼圈有些重，今天底妆的重点放在眼周遮瑕。"

"我的太阳穴有点凹陷，用一点浅色蜜粉去做提亮，看起来更饱满精神些。"

"上午有个重要的工作会议，我的眼妆和眉毛画法要稍微做点改变，看起来更干净利落些。"

……

我们画在脸上的每一个步骤，都不是无意义的。变美有方法，化妆有规律，学习一些原理，在动手之前，要充分地观察自己，了解自己的皮肤、肤色、五官比例，才会知道如何用色、如何修饰，知道为什么要这么画。当你每画一笔，就会变美一点，一笔一笔，一步一步，慢慢去呈现自己的美。就像在完成一件雕塑作品，每一步都有它的意义，一点一点加起来，就会组成一件完美的作品。

还有一个常见的问题，让女孩们在一开始化妆的时候就容易迷失，那就是她们总想要去参照别人。有时候大家会希望通过化妆，来接近一些偶像明星的样子，或者是让她们羡慕和向往的样子，所以我们经常会看到网络上有很多所谓的"换头""换脸"的妆容教学视频。我记得多年前，我有一个新娘客户，她本身的样

子非常具有东方女性的特色——颧骨较宽，脸部轮廓明显，单眼皮，上扬的凤眼。在我看来，她本身的样子已经很美，很有个性了。在试妆的时候，她拿给我的参照图片，全都是大眼、小脸的甜美风格。无论我怎么讲解这样的妆发其实并不适合她，但她仍然坚持。我只能按照客户的要求，用化妆技巧给她的脸做了一次"微整形"。

这时，她看着镜中的自己，虽然我已通过技巧帮她对五官进行了调整，但她却对这样的自己喜欢不起来，她告诉我："这不太像我了。"我说："对啊，因为这样的化妆方式，并不适合你。我们还是应该从你本身的五官特点出发，找到适合你的方法。你的眼睛非常美，我们根本不需要双眼皮贴和过重的假睫毛。五官轮廓也已经很好，只要稍微柔化一下线条就可以了。"于是，我帮她卸掉原来的妆容，按照我的妆容建议，重新画了一次。这时，镜子里的女孩终于笑了，她说："真好看，这才是我。"女孩在婚礼之后，特地给我发了一封邮件，真诚地感谢我为她做的造型，她说那是她人生中最美最幸福的一天。婚礼上获赞无数，好多宾客都说自己将来结婚也要按照她的新娘造型来。

对啊，化妆绝不是为了让我们变成另一个人，而是成为更美的自己。它帮我们做到的，是加分，是放大。看起来好像没有特别做过什么，但就是莫名地变美了！变成了一个更美的、更耀眼的、升级版的自己。

这就是化妆的意义了。

化妆，究竟能带给
我们什么？

大家有没有发现，有个特别有意思的事，化妆，是少有的能够使我们静下心和自己对话的事情。

因为化妆的时候，很难做到分心。例如，我们不可能一边画着眼线，一边想着公司的财务报表，也不可能一边选口红的颜色，一边想着小孩下周要期末考试了不知道他（她）复习得怎么样。你必须专注在此刻，你的线条才能画得平顺，你的晕染才不会画脏。

即使是已经做了十年的化妆师，哪怕技巧再纯熟，在我下笔的时候，也完全不会跟周围的人讲话。那一刻，好像我的其他感官都已经关闭，我听不到也意识不到周围的环境，甚至忘记了时间。我的世界只有我的手、我的眼睛、我的心，还有我眼前的这件"作品"，整个人完完全全地沉浸在化妆的当下。我真的太享受这样的感觉了！

我读过一本书——《正念的奇迹》，这也是我第一次了解到"正念"这个词的含义。"正念（mindfulness）"这个概念，最初起源于坐禅、冥想，是一种自我调节的方法。在正念的练习中，强调有意识的觉察，将注意力集中在当下，但不做任何评判和反应，只是单纯地、投入地注意它，从而获得内心的喜悦和平静。也有很多心理学家，将其定义为一种精神训练和心理疗法，并将其运用在缓解及治疗压力、抑郁、焦虑等心理问题上。而在生活当中，保持正念能帮助我们真正活在当下，更容易全情投入，享受生活的每一个瞬间。

正念其实并不容易做到，我们在生活当中，太容易被各种信息、情绪、想法所带走。例如在和家人吃饭时，会不自觉地掏出手机。工作的时候，会畅想着周末要做的事。放假的时候，却又满脑子想着工作的事。有时容易懊恼、纠结过去，有时又会不停地担心未来还未发生的事，很难让自己处在正念状态中。

然而化妆，却恰恰可以成为一种"正念的练习"。在化妆时，我们只能够专注在当下。对我来说，这无异于冥想带来的疗愈和帮助。在化妆的当下，打开全然的知觉，在这个过程里，可以更加了解自己，提升自我认知。"自我认知"也是我在教学过程中，常常会提到的词，当然，这已经不仅仅说的是化妆这件事了。

我们都知道，自己与他人的关系很重要，同样地，我们与自己的关系也很重要。我们需要与自己相处，更加了解和接纳自己，这就是自我认知的提升。现在，来说说自我认知的重要性吧。当自我认知度提高时，你会更自信，更有安全感，也就是更加信任你自己，尤其当不确定和令人紧张的外界状况发生时，你会更加有掌控感，也会在遇到问题和挫折时，清晰地分析出究竟是什么对结果有影响。例如在工作时，和其他同事的沟通出现偏差，导致工作没有完成好，被领导批评。如果自我认知不清晰，可能在这时没办法清楚理智地去做判断，很容易陷入深深的自责，

或者觉得同事们都讨厌我，老板也针对我。自我认知提升，会让我们更有方向感，就好像你在不熟悉的城市开车，一定需要导航，否则很容易迷路或绕远路。自我认知，就像是我们人生的导航，有了方向感，你会知道自己的需求和目标，还有真正的热情所在，当你做决定时会更清晰，也更能遵从自己的内心。

这让我想到，这些年来我身边的一些朋友，还有很多粉丝和学生都会说："我真的很羡慕你，能把热爱变成事业，真幸福！我好像都不知道自己喜欢什么，想要什么。"

其实我相信，每个人都一定有她喜欢的事，每个人也一定都向往把兴趣变成工作。但在这两件事中间，有一座桥梁，那就是自我认知。如果缺失这座桥梁，是无法把这两件事连接在一起的。也就很难在兴趣上全然投入，很难爱上你的工作。这样的生活，就会有些无趣了。如果说你无法在短时间内做到提升自我认知，那么就别给自己太大压力，慢慢来，先从一件小事开始，创造与自己对话的机会，练习正念、专注，尝试了解和接纳自己。化妆，就不错啊！

化妆的过程，就是更深地了解自己的过程。只有足够了解自己，我们才能逐渐做到全然接受，哪怕是自身不够完美的地方。化妆能够帮我们提升自己的认知和感受，一旦我们的感受变得美好，那么所有的事情都对了。

停止自我怀疑的那一刻，
就是变美的开始

我常常会遇到一些女孩来询问关于职业与人生规划的问题。例如不喜欢大学的专业，想做化妆师现在开始学会不会太晚；现在的工作遇到了种种困境，想转行却顾虑到家庭和孩子；生活里时常遇到他人的评判而产生自我怀疑，觉得：

"可能我真的不行？"

"可能我年纪大了？"

"可能我没有这方面的天赋？"

……

我发现女孩们真的太容易自我怀疑了，不只是生活和工作，对于自己的评价更是如此，而且这些对于自己的怀疑和批评已经分散在每时每刻，小到你可能都不会察觉。可以回想一下，当你每天站在镜子前，心里的独白是什么？

是不是会冒出"怎么最近又胖了？""我的毛孔好大啊！""法令纹怎么这么重？"的想法？哪怕是再瘦、再美的女孩也往往会有这样的想法。这一点女性与男性非常不同，你可以今天问问自己的老公或男朋友，他们在照镜子的时候心里的台词是什么？很可能只有一句话："我是全宇宙最帅的！"这一点，我们应该向男性学习。

在我们正式开始学习化妆之前，第一步不是买产品或买工具，而是停止自我怀疑。从化妆这件事来说，女孩们常常会说："这个颜色的眼影我一定掌控不了。""这种唇膏只有皮肤白的人才能用吧。""我无论怎么画都会显老。"

前面我们提到了提高自我认知，这还会带来一个巨大的好处，就是更好的自我照顾（self-care），或者说"自爱"，也就是学会爱自己。当你不够了解自己，就很容易产生自责和负罪感。我在这里说的提高自我认知，并不是让大家盲目自信。真正的自我认知，是客观而清醒的，是你能清楚地知道自己的优劣好坏在哪里。"我知道，我有很多缺点，但我仍然接纳自己的不完美。"这样才不会轻易有挫败感，才能明知道自己有不足之处，仍然坚定地持续前行、不断进步。

我在海外做化妆师这些年，遇到过很多超模（超级模特，super model），让我无数次受到感染的，不仅仅是她们的美貌和气场。这些美到极致的明星和超模们，没有一个人是不接受或不爱自己的。

我特别喜欢超模米兰达·可儿说过的一句话：

"一朵玫瑰永远不可能变成向日葵，一株向日葵也不可能变成玫瑰。所有的花朵都以它们不同的方式绽放着，正像每个女孩一样，去拥抱自己的与众不同吧。"

后来我在工作中遇到米兰达，发现她本人比杂志上还要美，那种优雅甜美又感染全场的气场，绝不可能是装扮出来的，那是我第一次发自内心地感叹："原来这才是超模啊！"她们之所以会随时散发着耀眼的光芒，美到令人向往，正是因为她们能做到"停止怀疑"，坚定地接纳自己。

我们的外貌，的确不可能在一夜之间改变，但是思维模式，是可以在一瞬间扭转的！就像我们中国人的那句话：相由心生，境由心转。也就是说人的外在形象、精神面貌都会受内在心境的影响，而外在境遇也是我们内心的一种投射。内心柔和善良、坚定而宽容，我们的生活也会向着更好的方向改变。

这执行起来其实并不容易。但思维模式，就像肌肉，是可以通过刻意练习去锻炼的。我们可以试试跳脱出来，站在一个观察者的角度，不带有任何评判地去看待自己。先学习包容和允许，包容自己的不完美，允许自己的美可以和别人不一样。告诉自己："我身上的每一个部分，都是我自己，正是因为这些不完美的小部分，组合在一起，才变成了一个完美的整体。"当你能做到包容和允许，你的妆容才会最大限度地呈现你的美好，而这样的美好势必独特而有感染力，因为这样的美是由内而外的。

请记得一件事，化妆，永远是为你自己的脸服务的。当你接受完整的自己，才能去寻找最适合你的东西，无论是穿衣、化妆，还是工作、生活和情感，都建立在这样的基础上。

化妆的真正目标，就是要呈现升级版的自己！

PART 2

我的护肤圣经

毛孔痘肌也能逆袭
成为"水煮蛋"

我也曾经因为皮肤
而自卑过

毛孔痘肌逆袭成为"水煮蛋"？这可能吗？

我相信绝对可以，因为这件事曾真实地发生在我身上。

在 18 岁那年，我刚刚来到澳大利亚读大学，对这个陌生的国度一无所知，突然远离家人，要去学习新的语言，适应新的生活，不仅承受着学业压力，同时还要兼职打工。为了短时间内攻克学术英文，赶上学习进度，我常常熬夜看书，睡眠不足。有一餐没一餐的不规律饮食加上巨大的压力，使我开始内分泌失调并患上了胃炎，几乎每天都要经历一轮剧烈的胃痛。身体的亚健康状态立刻反映在了皮肤上，我开始满脸冒痘，而且从初期的红肿，到脓疱型的痘痘，再到红黑色的痘印，各个阶段全都有。年纪小的时候，我是油性皮肤，过度分泌的皮脂更是滋生细菌的温床，各种感染和发炎也一直不断。我常常开玩笑说，我脸上有一部完整的"痘痘进化史"。

相信你可以想象，当一个不到 20 岁的身在异乡的女孩，面对课业和生活的压力，忍受病痛和近乎毁容的双重折磨时，该有多么痛苦和焦虑……其实现在回想起来，都还挺心疼当时的自己。那时候的我，特别自卑，自卑到根本不敢照镜子，没有勇气面对这样一张脸，更别提化妆打扮、享受生活了。我清楚地记得，那时候只要一走进商场，靠近任何化妆品专柜，导购都会第一时间走过来向我推荐祛痘类的产品，我都会回应"不用了，谢谢"，然后以最快速度逃离。感觉让别人看到我的皮肤，我都会觉得羞愧……所以这些年，当我听到学生们跟我倾诉由于皮肤问题带来的困扰时，我太理解她们的感受了，因为她们每个人的沮丧、自卑、难过和无助，我都体会过。

再后来，经过两年的时间，我坚持看中医吃中药，调整饮食和生活作息，痘痘问题和胃病才逐渐好转。虽然痘痘好了，但也留下了一脸的痘印和不可逆的痘坑。一直到五六年前，我认识了我的私人教练里卡多·里斯卡拉（Ricardo Riskalla）——澳大利亚顶级超模专属教练（我现在仍然在跟随他进行训练），这种情况才有所改变。可以说是他完全改变了我的皮肤、身材和健康状况。关于减重的经历，我会在后面的章节讲到。里卡多是一个极其崇尚天然和极简生活的人，也是专业营养师，他颠覆了我的很多关于护肤方面的观念。他让我知道，只要我们吃对东西，调整好生活习惯，让身体回到健康运作的状态，皮肤就会自然好起来，体重也会回到它原本该有的样子。经由里卡多的推荐，我又接触到几个优秀的皮肤专家，他们也给了我很多护肤方面的建议，并使我建立起对于肤质、肤况的概念，深究皮肤问题的根源，用对护肤品，找到最适合自己的方法，由此我的皮肤也开始变得"听话"了。

可以这么说，我36岁的皮肤状态远远好过26岁，皮肤的纹理、细致度、光泽感、颜色均匀度，都胜过十年前，而且还在以日常可见的速度变得越来越好。我们有时候会听到这样的话："皮肤问题是不可逆的。""身材和健康也是不可逆的。"这真的不是绝对的！虽说天生的好皮肤确实是靠基因，但每个人其实都不需要去做无用的对比，那只会给自己增添焦虑。只要你可以放下一些对"小问题""小缺点"的执念，学习一些相关的护肤知识，找到问题根源，对症下药，并且有足够的耐心（因为护肤和减肥都没有捷径），那就一定会得到改善，甚至是逆袭！

化妆的哲学
改变人生的美妆秘籍

倾听皮肤，就是肌肤变美的开始

我见过太多女孩在盲目护肤，因为她们对自己的肤质和皮肤状况（简称肤况）不够了解，也不具备基础的护肤和产品知识。所以在遇到皮肤问题的时候不知所措，甚至是病急乱投医，在网上看到什么产品有热度就跟风购买，结果很可能用到了并不适合自己的产品，或者使用方法不正确导致皮肤过敏。也有很多人可能认为"护肤，就是砸钱！""只要钱花到位了，一定就能拥有好皮肤！"，于是疯狂购买昂贵的保养品。甚至直到今天，网络上还在流行一句话："买最贵的护肤品，熬最晚的夜！"……这就相当于你一边在修补皮肤，一边在破坏皮肤，不断地修补、破坏，最终会陷入一种恶性循环。花钱、花精力、花时间，不断地被问题纠结困扰，却根本解决不了什么。这件事的根源，是我们很多人对于护肤本身就存在误解。

我们首先来看看，都有哪些情况会影响我们的皮肤状况。

（1）完全不使用护肤品

完全不护肤会导致皮肤缺乏必要的滋养、清洁，水油补充不足。25岁之前如果不怎么护肤，靠着天生遗传的好肤质，皮肤的肤况不会太糟。但如果常年不护肤，到了30岁之后，就会与同龄人逐渐出现差距，肌肤年龄也会比生理年龄大一些。

（2）使用不正规不安全的产品

不正规的产品可能会添加非法激素、重金属或其他刺激性成分。我们使用在脸上的产品，一定要是正规品牌厂家生产的，其成分和安全性会有保障。请远离朋友圈和社交媒体中不知名的护肤品，理性对待购买欲望。

（3）日晒（紫外线）伤害

我们皮肤绝大多数的老化问题，几乎都是紫外线造成的，紫外线也会对皮肤的修复力造成一定的破坏，这些破坏被统称为"光老化"。因此防晒是每个人一辈子的功课。

（4）生活习惯不健康

长期熬夜、抽烟、酗酒、饮食多咸而油腻、营养不均衡、压力过大、缺乏运动等，都会影响我们的肤况。

（5）不良的工作环境

长期待在不通风的空调房，上班族长时间面对电脑，这些情况都会导致皮肤缺水。

（6）过度追求极速美容

护肤就和减肥一样，不是一夜之间的事，而要养成一个长期的良好习惯。在护肤上为了追求见效快，过于频繁地做医学美容（简称医美），用过强的酸类或刺激性的产品，都有可能损伤皮肤。

（7）气候和地域因素

北方和南方的气候完全不同，改变居住城市，有时也会导致我们的皮肤变化。当从南方搬到北方城市居住，皮肤会突然紧绷干燥，或者从北方到南方，皮肤会变得爱出油和毛孔粗大，这些都是常见的现象。季节和天气也一样会对我们的肤质造成影响。

（8）细菌、真菌和寄生虫

除上述因素之外，还有细菌、真菌、寄生虫等生物因素的影响。对某些成分过敏、医美术后护理不当、清洁不彻底等，都会直接影响到我们的皮肤。

这也是为什么我经常提到"肤况"，而不只是"肤质"。因为提到肤质，大家总会觉得自己的肤质是一成不变的，这是我们与生俱来的。但肤况就不一样了，它的不确定因素非常多，因此它可能是随时在变化的。所以，我们需要根据当下的环境和气候，判断自己的肤况，采取最适合自己的方法来护肤。

现在你应该了解了，护肤，可不只是护肤品的事儿。仅仅依赖护肤品的保养，作用是很有限的。学会鉴别自己的肤质肤况，保持生活和饮食习惯健康，保持心情愉快，这些都对我们皮肤的改善有非常大的帮助。

每种肤质的易发问题和护理要点

让我们先来认识一下自己的肤质。有一个非常简单的鉴别方法，适用于所有人，包括护肤新手。那就是早晨起床后先不要洗脸，在镜子前观察一下自己的皮肤，也可以用手去触摸皮肤。

如果全脸都明显泛油光——油性肤质；
只有额头和鼻子有油光，脸颊没有出油——混合性肤质；
肌肤状况很好，没有明显的出油或干燥，皮肤不粗糙也不紧绷——中性肤质；
脸部有明显的干燥和紧绷感，秋冬季还会脱皮、有干纹——干性肤质。

但就像我们前一部分所说的，我们的肤质和肤况其实是不稳定的，是会跟着气候、地域变化、年龄和生活状态而改变的。例如在夏季出油量比较大的人，冬天可能会转变成中性甚至干性肌肤。南方人突然搬到北方生活，皮肤也会出现明显变干燥、出油量减少的状况。随着年龄的增长，我们的皮肤分泌油脂也会减少。以下，我把各个肤质的特点和适合的护肤要点做了总结，供大家参考。

肤质	特点	基础护理要点
中性肤质	最理想的健康肤质，肌肤油脂分泌平衡，肤质纹理平整，没有太大肌肤问题，只需注意换季问题	先用保湿型化妆水轻拍肌肤表面，再使用含微量油脂的保湿精华液，从脸的中央开始按摩，最后用轻拍的方式加速吸收
干性肤质	皮肤较薄、毛孔不明显、油脂分泌较少、缺少光泽，两颊容易产生小雀斑和局部色素沉淀，偶发脱皮和过敏	以保湿型化妆水软化干燥角质，接着使用油脂含量较高的精华液。有脱皮现象时，在局部使用精华液湿敷三分钟
油性肤质	油脂分泌旺盛，额头和鼻翼有油光（极油皮肤可能全脸都有出油问题），毛孔看起来粗大，有黑头粉刺问题，角质厚硬不光滑。皮肤弹性较好，不易有皱纹和松弛问题	可用含有水杨酸的化妆水以化妆棉擦拭整脸，以轻微代谢角质。再使用无油的保湿精华液，按摩至吸收。最大限度地做到水油平衡
混合肤质	混合性皮肤兼有油性皮肤和干性皮肤的两种特点，面部T区（额头、鼻子、下巴）呈油性，两颊呈干性。亚洲大部分人都属于此类皮肤	分区护理。T区注重控油和毛孔管理，两颊注重滋润保湿
敏感肤质	敏感性皮肤是一种高度不耐受的皮肤状态，易受到各种因素的刺激而产生刺痛、烧灼、紧绷等症状，皮肤外观正常或有轻度的脱屑、红斑和干燥	用抗敏感的保湿乳液轻柔涂抹全脸抑制泛红和脱皮现象。简化护肤，保持皮肤屏障健康

正确护肤，就是尽可能达到一种平衡

在我的护肤理念中，"好皮肤"就是达到了一种平衡的状态。不只是皮肤，好身材、健康也是一种平衡状态。美好的化妆造型、艺术创作，甚至是对生活与为人处世来说，平衡，都是一种最舒服、最高级的状态。皮肤的平衡状态是指什么呢？主要体现在两个方面。

（1）水油平衡

我们的皮肤有皮脂腺，天生就会分泌皮脂（也就是俗称的油脂），这也是我们皮肤天然的保湿剂。但油脂分泌过多（油性皮肤），就会导致油光满面、毛孔粗大、皮肤纹理粗糙、痘痘粉刺和黑头出现，甚至会滋生细菌，导致皮肤炎症。相反，油脂分泌过少（干性皮肤），会导致皮肤缺水和缺乏滋润度，引起皮肤干燥紧绷，产生细纹。这样看来，中性肤质，其实是最理想的肤质，因为刚好达到油水平衡，不会过油或者过干。

虽然我们的肤质可能很难在短时间内彻底改变，但我们在护肤过程中，完全可以根据自己的肤质肤况，从具体的皮肤问题下手，先对皮肤进行分析、判断，然后找到最适合的方法和产品，让我们的肤况尽量趋向于水油平衡的状态。例如，油性皮肤的重点，就在于控油、清洁、毛孔管理。干皮的护肤重点就在于补水补油，增加皮肤的滋润度，抗皱、抗初老。

在我看来,肤质本身不分好坏,并没有哪种肤质的人就比另外一种肤质的人更幸运,每个人的皮肤问题不一样,对于肤质的追求也不一样。选择最适合自己的就是最好的。

(2)角质层的代谢平衡

我们的皮肤表皮由四五层构成,最外面的就是我们的角质层,角质层非常重要,它是保护我们皮肤的屏障。有了角质层,我们的皮肤才能够保留住水分、抵御紫外线的侵害、隔离有害物质。角质层会以人眼不可见的方式周期性地剥落和更新。

如果我们受日晒影响,且生活习惯、保养方式不够好,就会造成角质层不能够及时剥落和更新,并进一步导致角质层过厚。这样就会使我们擦的保养品的吸收效率降低,会引起角质堆积、毛周角化等问题,例如鼻翼周围和眼下会出现肉色小颗粒,还会有暗沉和粗糙的问题出现。

毛孔粗大、黑头、油痘肌、沙漠皮，极端肤况也能逆袭

为什么会毛孔粗大呢？

　　相信有非常多的女性都觉得自己有毛孔粗大的问题，这其中，有一部分其实是属于正常毛孔范畴，只是她们每天都把注意力放在自己的皮肤细节上，过于放大了小问题。这一类肤况，只要选对适合自己的护肤品，做好清洁和一般的毛孔管理工作就好。另外还有一大部分，就是真的毛孔粗大了。那么哪些毛孔是有可能缩小的，哪些又是不可能的呢？想要解决毛孔问题，我们首先要搞清楚毛孔粗大的三大类别。

（1）油脂型毛孔

　　顾名思义，这类毛孔与我们皮肤分泌的油脂有直接关系。我们都看过儿童的皮肤，光滑无瑕，完全看不到毛孔，弹性好、紧致、充满胶原蛋白。因为儿童时期的雄性激素分泌很少，毛孔非常细腻。到了青春期，雄性激素分泌开始增多，油脂量会突然加大。可以把我们的毛孔想象成公路，油脂就是在这条公路上来来往往的车辆。当车辆数量过多时，就很容易造成拥堵，如果车辆得不到有效疏通的话，就会有大量的车堵在路上动不了。我们的油脂分泌也是同样的原理，当油脂分泌过多无法正常排出时，就会堵塞毛孔，经常堵塞，就会将毛孔自然撑大，让毛孔扩张。所以，定期清除堵塞毛孔的油脂和脂栓非常必要，这也是预防和改善黑头、白头最重要的工作。

针对油脂型的毛孔问题，最有效的成分就是果酸（AHA）和水杨酸（BHA）。这两种成分大家应该都听过很多次，平常所说的"刷酸"，大部分也指的是这两种成分。但到底有什么区别呢？它们最大的区别：果酸是水溶性的，水杨酸是脂溶性的。

水杨酸能更好地渗透进毛孔里，调节毛囊处的角质细胞，使有粉刺、闭口粉刺、发炎的痘痘等毛孔堵塞的皮肤排出多余油脂，逐渐恢复健康的毛孔。水杨酸还有抗炎效果，我们也能从很多主打祛痘、改善黑头的护肤品中见到水杨酸的身影，它非常适合偏油肌肤。

果酸是酸类产品里最温和的，属于水溶性酸。主要作用就是帮助剥落老废的角质层、避免角质堆积，同时可以疏通毛孔，促进真皮层里纤维、胶原的生长。许多医美项目都是用高浓度的果酸来进行焕肤。偏干肤质适合用果酸来祛痘印，效果也很显著。

（2）炎症型毛孔

很多成年人长痘和毛孔粗大都是由于炎症和螨虫（毛囊虫）。炎症问题就是常见的脂溢性皮肤炎。鼻子周围或者两颊泛红，还会有局部干燥脱屑。通常这一类的皮肤问题需要去医院皮肤科做取样检查（真菌化验）。患脂溢性皮肤炎的成因是非常复杂的，例如饮食不均衡、压力大、用药不当、代谢障碍，还有遗传因素。

这种状况，口服异维A酸就是治疗的首选。异维A酸也是目前发现的最强大的抑制脂质分泌的药物，对于严重的脂溢性皮肤炎的抑制率可达90%。但A酸类口服药属于处方药，还需要皮肤科医生诊断后决定是否使用。

（3）老化型毛孔

我们在上文提到的通过调整作息和饮食来改善毛孔的方法，对于老化型的毛孔，作用就非常有限了。老化型毛孔可以理解为，毛孔周围的皮肤组织老化了，胶原蛋白流失，水嫩度和弹性下降，皮肤开始松弛，毛孔逐渐变成水滴状，这就是老化型的毛孔，严重缺水的面部皮肤会看起来像"干燥的橘子皮"。也就是说这种情况主要和皮肤衰老有关。当皮肤老化，毛孔周围的皮肤组织逐渐松动，不能很好地支撑正常的毛孔结构形状，毛孔就出现了下垂。当皮肤纹路和凹陷的毛孔连为一体变成线状，就会形成皱纹。

毛孔老化应该怎么办呢？可以从以下几个方面入手：

① 防晒：我们大多数的肌肤问题，都与日晒有关。紫外线会加速肌肤的老化，肌肤的细胞代谢功能和活性会下降，新生胶原蛋白的速度也会减缓，皮肤会越来越松弛，这样就逐渐形成了毛孔问题。所以有这样一句玩笑话："养儿不防老，防晒才是真的防老。"

② 补水：水对于我们的身体和皮肤健康的重要性是毋庸置疑的。我们可以看到婴儿的皮肤都是细嫩柔软有弹性的，而成年人的皮肤含水量大幅下降，这直接导致了肌肤的干燥、发黄、发暗、无光泽和松弛，甚至是皱纹早生等现象。因此解决肌肤衰老，补水和保湿才是王道。

③ 维生素A：维生素A是一个非常好的成分，它能够促进皮肤毛囊中的胶原增生，使皮肤恢复弹性，让毛孔周围的皮肤重新年轻起来，从而改善老化型的毛孔。因此，它对于改善皮肤整体的状态都会有帮助。

④ 医美手段：激光和射频类的医美疗程统称为光电治疗。毛孔粗大和粗糙的皮肤，可以考虑点阵射频，有皱纹和松弛问题的皮肤也适合该方法。另外也可以选择光子嫩肤、超皮秒、微针等治疗改善毛孔粗大。具体的情况还是要咨询医生，医生会根据各人的皮肤状况给出治疗建议。

关于黑头、粉刺和痘痘

身为混油皮的我，从青春期开始就已经深受黑头粉刺的困扰了。

鼻头的毛孔里一粒一粒黑黑的，显得肤色脏，皮肤也很粗糙。十几岁的时候特别沉迷于鼻贴膜，将其撕下来的一瞬间把很多黑头和油脂粒连根拔起，别提多过瘾了！但长大后才知道，过度使用这种撕拉型面膜，如果护理不当，其实很容易造成皮肤损伤，对于毛孔的修复更是没有帮助。

什么是黑头粉刺？

首先，请不要把黑头粉刺当成一种"皮肤病"，黑头粉刺实质上就是我们皮肤的排泄物，就好像人类每天要去上厕所一样，这样讲起来可能会让你有不好的联想，但其实非常正常！接下来说说为什么会产生黑头吧！

我们的皮脂腺周遭的细胞会不断释放出油脂，以维持皮肤的含水量和滋润度。油脂加上皮屑和细菌混合，就会变成一颗粉刺，粉刺又分为黑头粉刺和白头粉刺，一开始形成的都是白头粉刺，当白头粉刺暴露在空气中久了就会氧化，
颜色变黑。正常情况下的粉刺，大部分随着洗脸，都会被排出、清洁掉，但如果我们的表层角质代谢功能没有那么好的话，就导致这个粉刺没办法自然剥落，卡在毛孔排不出去。

改善黑头粉刺有两大最有效的成分。

（1）化学焕肤

除了前面提到的果酸、水杨酸，是治疗黑头粉刺、毛孔粗大痘痘肌的好帮手。还有另一个非常好的成分叫A醇，也就是视黄醇，它不仅是油痘肌的救星，还是抗老的王者！可以使角质层新陈代谢正常化，从而使角质层变厚，以达到保护和储水的效果；此外还可以促进真皮层胶原蛋白的合成。这也是被美国食品药品监督管理局（FDA）所认可的最有效的抗老成分之一。油脂分泌旺盛、有黑头粉刺问题的人，应该有规律地使用果酸和水杨酸，才能够维持油脂正常的排出和角质代谢，不容易造成更严重的皮肤问题。

A醇具有抗炎作用，能够缓解既是痤疮结果，也是痤疮原因的炎症；能够抑制毛囊皮肤腺的分泌，促使细胞生长正常化，改善毛孔内外角质堆积、堵塞状况；可以促进角质细胞正常分化，让角质细胞变得更紧实；促进细胞间质的生成，使皮肤紧致平滑，让毛孔看起来不那么明显。另外，A醇还可以防止真皮层胶原蛋白的降解，这就是为什么A醇可以改善光老化。而且A醇在减少细纹和皱纹、改善皮肤粗糙等方面已被证明是有效的。

（2）外用A酸

外用A酸属于处方类的药膏，它的作用比A醇还要强大。通常严重的痘痘肌，医生都会先开外用药膏，如果效果不够好，才会进一步开口服A酸。也有一种情况，是需要外用和口服A酸同时使用的。A酸的主要作用是抑制油脂过度分泌，减少毛囊发炎反应，预防皮肤表面的角化异常（也就是堆积过多的老废角质）。但它同时对于皮肤有一定的刺激性，使用起来也要严格依照正确的方法，并在初期使用时建立皮肤耐受。注意，正在备孕的、怀孕的和哺乳期的女性，都要避免使用A醇和A酸！

大家常见的清理黑头的方法，有使用撕拉型面膜、针清、黑头铲美容仪等，这几种都可以说是物理性清除黑头的方法。但撕拉型面膜和针清，不建议自己在家过于频繁地操作，一方面这样的方式其实对于排出黑头粉刺的效果很有限（深层的无法挤出来），另外也容易操作不当，造成皮肤损伤。尤其是不能用指甲直接去挤压毛孔，指甲里的细菌太多，受伤和慢性发炎的毛孔易受感染，粉刺反而会越来越多。皮肤受伤严重时也可能会留下永久疤痕，毛孔反而看起来越来越大。

我还想告诉女孩们，黑头粉刺是非常正常的现象。很多人所谓的黑头、毛孔，其实都是自己过于近距离地照镜子的结果，无限放大了自己的小问题，平时生活中没有任何人会贴这么近去看你的皮肤，正常社交距离下，皮肤状况已经看起来很好了。我们只要用恰当的保养方法、适合自己的保养品，将皮肤代谢维持在一个健康状态就可以了。记得，别对自己过于苛刻。

皮肤的"抑郁症"——痘痘

不只是我自己亲身经历过，相信很多人在青少年时期都遭受过痘痘带来的烦恼，更是有非常多人的痘痘问题持续到成人之后。除了给我们造成生理上的影响，还有可能带来严重的心理问题。基本上只要提到"皮肤问题"，多多少少也都和痘痘有关。痘痘（也称为痤疮）基本上属于一种炎症疾病，是由毛囊和皮脂腺堵塞造成微生物大量繁殖，产生的发炎反应。我们都很羡慕小孩子们零毛孔、光洁无瑕的细嫩皮肤吧，但到了青春期后，皮肤受到激素变化的影响，油脂分泌量增加，就可能产生痘痘问题了。

我们来看看痘痘的四大成因。

① **油脂分泌过多**。因为激素、皮肤表层温度、饮食习惯、外界刺激等因素，油脂分泌旺盛，毛孔没办法顺利排出多余油脂时，毛囊堵塞，就形成了粉刺。

② **皮肤表面角化异常**。不正常的角质代谢会把毛孔覆盖住，这时候就形成了闭口粉刺。

③ **毛囊发炎**。粉刺无法正常排出，会挤压到毛囊周围的组织，进而发生发炎反应，就会演变成一颗红肿的发炎性痘痘了。

④ **痤疮杆菌感染**。封闭的毛孔环境，会给痤疮杆菌提供很好的生长环境，感染之后进一步形成脓包型痘痘，这种类型的痘痘留下痘疤的概率也比较高。

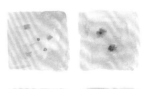

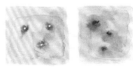

痘痘的治疗和恢复是一个漫长的过程，但只要能了解自己痘痘的成因，找到问题源头，就能对症下药。最怕的就是病急乱投医，甚至

是过于依赖一些市面上流传的夸大效果的护肤品广告和治疗手段，有些甚至会加重痘痘恶化。另外也不要对于痘痘的治疗有不切实际的期待，不可能看一次医生或吃一次药就能完全好，要有足够的耐心和充分的准备。

正确用药

常见的治疗痘痘的外用药物包括抗生素类、A酸类，还有过氧化苯甲酰。医用最多的药物就是口服A酸，这也是在治疗效果上最全面的药物，通过抑制皮脂分泌来发挥抗粉刺作用。但大家可能也会担心A酸（包括口服和外用A酸）的副作用，例如可能会出现短暂的爆痘期，皮肤非常干燥，会红痒、脱皮，甚至会流鼻血和嘴唇干裂，还有孕妇服用会导致胎儿发育畸形的风险。但只要在专业医生的指导下，根据具体的临床反应和体重去调整剂量，一般都能达到很好的控制效果。抗生素主要作用就是彻底杀菌，但抗生素的副作用是会破坏体内原本的菌群，给身体带来一些负担。所以在服用口服药物时，一定要认真地遵守医嘱，并不是药用得越多越好。

注意，如果是在孕期、哺乳期或者备孕期间要做痘痘治疗，一般是要避免以上药物的，请一定要咨询医生，不要乱服药。

痘痘肌如何选择护肤品

了解了痘痘的四大成因之后，在选择护肤品时也要重点考虑这几个因素，痘痘问题就会有一定的改善。几下几种都是常见的能够改善痘痘的成分。

（1）果酸

果酸的作用主要是使上层角质细胞之间的连接变松，从而更容易脱落。常见

果酸是从水果中提取的有机酸，包含葡萄酸、苹果酸、柑橘酸以及乳酸等。可以去除肌肤表面角质层老化形成的角质堆积，还可以增加真皮层厚度，改善受紫外线伤害的老化皮肤，促进肌肤更新和胶原蛋白合成。祛痘方面常见的果酸类成分还有杏仁酸，它的结构更加亲脂，更容易进入毛囊中。

适用肌肤：非敏感性的角质代谢不畅肌肤，闭口痘痘肌肤，想要快速美白的肌肤，过于干燥的肌肤，类似鱼鳞病或者严重毛周角化的肌肤，需要去角质的肌肤等。

使用方法：先建立皮肤耐受，从低浓度 (1% ~ 4%) 开始尝试。如果肌肤受损严重，如晒伤或者过敏等，需要给肌肤一个修复过程。在开始使用 3 ~ 7 天内，有些人会出现脱皮、出油严重等现象，不用担心，这些都是可预见的皮肤反应，等肌肤适应后其储水能力会更强。使用果酸期间一定要注意加强防晒。这期间也不宜再使用其他去角质产品，并尽量做好保湿。

（2）水杨酸

水杨酸是一种脂溶性的有机酸，不仅可以同时对付多种青春痘，而且在与过氧化苯甲酰合用时效果更好。几十年来皮肤科医生一直用水杨酸作为去角质的药剂。

主要作用：有效抑制痘痘和粉刺，兼具杀菌功能，并能去角质，改善毛孔粗大的症状。

果酸和水杨酸可以说是使皮肤重获新生的法宝之一，这两种成分的产品不仅能加快角质细胞的更新，改善皮肤的质地，而且能减轻紫外线对皮肤的伤害，还能改善皮肤的结构，促进胶原蛋白的制造，进而强化皮肤的保护功能。去除脸部角质还可以让毛孔畅通，让毛孔里的油脂可以正常代谢，也能加强杀菌成分的渗透力，有效消灭造成青春痘的细菌。

（3）A醇和A酸

A醇可抑制油脂分泌，防止细胞过度增生，减少粉刺和痘痘。A醇和A酸在痘痘的治疗方面是目前应用最广泛的、最有效的成分。

主要作用：除了改善痘痘和粉刺问题外，含A醇的护肤品还能促进肌肤代谢，角质更新，加速胶原蛋白增生，减少细纹，改善毛孔粗大、皮肤粗糙的问题，使皮肤恢复光滑细致和弹性，可以说是护肤成分中抗老界的"天花板"了。

如何正确使用 A 醇?

　　我自己就是一个 A 醇的受益者,在 35 岁时,才真正了解到 A 醇的好,真的是有种相见恨晚的感觉! A 醇可以说是抗老抗衰和改善油痘肌的全能型选手,皮肤会越擦越细腻。市面上的 A 醇分为不同浓度,浓度最低的有入门版的 0.1%,也有强效版的 1% 浓度,听起来好像仍然浓度很低,但是相信我,1% 已经算是"猛药"级别了。A 醇的浓度越高,效果当然会越显著,但相对来说带来的副作用即红、痒、干、刺痛、脱皮等也会更明显,不过这些副作用其实都算是使用 A 醇的可期待反应。什么是可期待反应呢? 也就是说,一定要经历红、痒、干、刺痛、脱皮这样的过程,肌肤才会重获新生。这个必经阶段,每个人的反应程度不一样,有些人严重一些,有些人则轻微一些,但只要你正确使用 A 醇,这些现象都属正常。

　　这个阶段是短暂的,经过了这一系列的可期待反应,皮肤就会迎来新生! 皮肤纹理变得细致平整,痘痘粉刺会明显减少,毛孔也会更加细腻,皮肤还会变得有弹性和光泽,肤况得到了整体提升。也正是 A 醇这个成分,让我深深相信,原来我们只依靠家用的保养品,也能达到去专业美容机构的效果。

　　那么 A 醇应该怎么用呢?

谨记! 一定要从低浓度开始循序渐进。

(1) 低浓度 A 醇的使用方法

　　市面上常见的 0.1% ~ 0.25% 的 A 醇作为入门级别已经足够了。即使是低浓度 A 醇,我们也要遵循一个"321"原则。这个"321"原则,就是一个建立皮肤耐受的过程。首先我们每隔三天使用一次Ａ醇，持续使用三周。如果皮肤没有产生明显的干痒红等刺激反应，改为每隔两天使用一次，持续两周，等皮肤适应了这样的频率，再改为每隔一天使用一次。经过这样的过程，皮肤基本就完成了耐受的建立，使用频率就可以依照自己的情况而定了。如果使用同一个产品，已经没什么明显的感觉和效果，就可以向着更高浓度进发了。

（2）高浓度Ａ醇的使用方法

就拿我自己在使用的Ａ醇产品来说，浓度是1%，属于进阶版Ａ醇。它的作用就已经不是日常护肤，而是定期焕肤。一开始的使用频率是一个月一次，可以在使用过日常的精华、保湿霜之后再涂抹。正常来讲，第二天还不会有任何感觉，等到第三天，Ａ醇就开始发挥作用了。你的面部皮肤会明显的泛红、干痒，用平常的护肤品都会觉得刺痛，还会持续三天左右的脱皮。这时候千万不要害怕，这属于可期待反应，也就是说，必须要看到皮肤有这样的反应，才证明这个产品对你有效果。

在使用高浓度Ａ醇之后的一个星期内，所有的保养品，包括洗面奶、水乳、精华，全都要换成温和保湿和修复型的产品，也可以多敷温和保湿的面膜。在此期间一定要注意，每天严格做好防晒，尽量少待在户外暴晒，并且要多喝水，保证皮肤有一定的保水度。一周之后，你的皮肤会带给你惊喜！用过第一次Ａ醇之后，通常第二次，皮肤的可期待反应就不会这么激烈，因为已经适应了。可以逐渐把频率改为间隔三周一次，再间隔两周一次。我的建议是，最频繁也就是十天一次了。使用太频繁可能会对皮肤产生过多的刺激。每两周一次，就已经足够让你接近水煮蛋般的肌肤啦！

"外油内干"是怎么回事?

有一类皮肤状况是既会出油,表层又干燥敏感。这时如果你去化妆品专柜,大部分导购都会告诉你,出油的本质是缺水,一定是因为你补水做得不够好,所以皮肤为了保护自己就拼命出油,然后再推销给你一堆保湿类产品。"外油内干"听起来貌似特别有道理,其实是一个伪概念,也是一个带有强大导向性的、简洁高效的、容易执行的营销策略,并且很容易"病毒式"地传播——说的人多了也就容易让人相信了。

中国人有 60% ~ 70% 都属于混合性和油性肤质,也就是说大多数人的皮肤都是油脂分泌充足,甚至旺盛的。其实并不像媒体和广告宣扬的那样需要层层叠叠的护肤品,护肤这件事,我更看重的是恰当和精准,而不在数量,更不在价格。很多商家可能为了更好地销售,会给人们"创造"出需求,"补水"正好可以完美套用。而作为非皮肤专家和非成分专家的普通大众,要怎么去辨别产品和自己的真正需求呢?你需要具备一些基础护肤知识,了解自己的皮肤状况,逐渐形成一套属于自己的护肤体系,这样就不用花太多冤枉钱或者绕弯路了。最重要的是,我们要用对方法,才可以减少皮肤的负担和对其不必要的伤害。

保护好你的皮肤屏障

皮肤是干性还是油性,这和皮肤屏障有很大关系,它可以帮助皮肤保持水分和滋润度,并且能够产生油脂。这里我们需要先搞清楚一件事,什么是皮肤屏障?皮肤屏障主要由皮脂膜和角质层构成,皮脂膜主要是油脂与汗液的混合物,而油脂就是人体皮肤天然的保湿霜。可以把角质层想象成一道由一块一块的砖砌成的墙,一方面能够保护我们的皮肤不被外界环境中的有害因素侵袭,另一方面可以防止皮肤内营养物质和水分的流失。所以皮肤屏障是否健康，和我们的皮肤状态有着非常大的关系，也可以说皮肤屏障就是守护我们皮肤的城

左：不健康的角质层　　　　　　　　　　右：健康的角质层

墙和堡垒。

　　油性皮肤（简称油皮）普遍天生皮肤屏障就比较完好，也就是角质层结构完整没有缺失，油脂分泌充足，所以相较于干性皮肤（简称干皮）来讲，油皮自身的保水力比较强大，不容易干燥或长细纹。相反，干皮的角质层细胞间脂质不足，再加上油脂分泌少，就不能很好地保持住皮肤的水分，容易有干燥和细纹问题。

　　所以不同肤质的首要护肤任务是不一样的，油皮最重要的是做好清洁和角质管理，减少皮肤发炎，干皮最重要的是保湿，也就是要维护好这个皮肤屏障。所以我们辨别肤质的关键因素，主要还是考虑皮肤出油量的多少。干燥程度不能确定肤质，它只是一个皮肤状态，帮助你在护肤方案上做一个参考。

　　那么大家常常听到的"外油内干"、"又油又干"、紧绷脱皮是怎么回事呢？

化妆的哲学
改变人生的美妆秘籍

油性皮肤天生皮肤屏障功能较好，油脂分泌充足，但是也有可能由于后天护肤不当而造成屏障破坏，角质层结构破损，加上油脂过度分泌，这也就是大家所说的"外油内干"了。

总结一下，干皮的干燥，指的是先天角质层结构功能不够好，加上油脂分泌不足。油皮的干燥，是后天角质层受损，加上油脂过度分泌。但油皮别太担心，因为油皮的角质层受损大部分都是可以修复的。

油皮角质层结构破坏的主要原因有以下几个：
① 过度清洁；
② 过度去角质；
③ 炎症导致皮肤屏障受损；
④ 不注意防晒；
⑤ 不当的医美治疗及术后护理。

所以缺水的油皮急需做的不是去补水，而是改善上述五大问题，逐步恢复自己天生的保湿锁水能力，油皮改善所谓外油内干的关键是自愈。

已被破坏角质层的油皮该怎么做？

皮肤恢复稳定前暂时停止使用卸妆油，可以使用较温和的卸妆乳。停止一切高清洁力、高刺激性的洁面，如皂基的，或带有磨砂颗粒的、果酸的、酵素的洁面。使用弱酸性的温和的氨基酸类洁面。皮肤恢复正常之后，可以偶尔用含去角质成分的洁面（含果酸、水杨酸、酵素的）。停止使用任何品牌的洗脸仪、家用美容仪、所有医美疗程，皮肤恢复稳定前不要再大面积使用任何具有角质剥脱功效的产品，深层清洁类的面膜，以及有刺激性的高机能产品如美白、去皱产品等。

可以选择一款温和、具有抗氧化功效的精华，加上一款兼具保湿和抗炎舒缓功效的精华，质地要清爽。两颊可根据情况叠加有修复屏障功效的保湿精华乳，使用低刺激性防晒霜，例如无香料无酒精的物理性防晒霜，也可搭配使用冰镇过的医美类面膜，重点是补水、抗炎、舒缓、温和、抗氧化。皮肤表皮细胞的更新周期为 28 ~ 42 天，所以这样进行一到两个月后，基本上就可以恢复到原本健康的状态。以后要注意保持，并防止角质层再次受到严重伤害。在这个恢复的过程当中，最最重要的就是要有足够的耐心，千万不要由于心急再给皮肤增添其他的负担，或造成不必要的刺激。

对干皮来说，干燥是一种正常的状态，而油皮在正常天气和环境中干燥到紧绷脱皮，一般是皮肤角质层受损的缘故，这个时候该做的不是一味补水，而是排查不良护肤习惯，恢复皮肤自愈力。油皮最珍贵的优点就是其不靠外援也能自我滋养、自我保护、"野蛮生长"的自愈力，一定要好好保护它，不要破坏它，这是油皮耐老的基础。

医美真的可以
逆龄吗？

开始之前，请做好充足的功课

在十年前，医美对于大多数人来说，可能还是一个遥远的话题。但近几年医美行业迎来了爆发式的发展，有越来越多的女性开始接受医美治疗和皮肤管理，大家也能够通过网络和其他媒体渠道更容易地获得有关医美的相关信息和知识，在中国地区医美行业的消费者群体也越来越年轻化。

什么是医学美容呢？

简单来说分为"手术类"和"非手术类"两种，手术类主要是改变五官样貌以及身体的外观（也就是整形），像割双眼皮、隆鼻、削骨、抽脂等。非手术类又细分为注射填充类（也称为微整形）和非注射填充类，注射填充类有玻尿酸隆鼻等，非注射填充类包括激光、射频、微针、热玛吉、超声刀等带有微创但非侵入式的，更针对皮肤状况和轮廓改善的美容项目。

我们在这一章节讨论的医学美容，主要是以非注射填充类的皮肤管理为主，也是相对来说风险较小、可产生的副作用较小的项目，并且也全都是我自己亲身实践过、真正见效的皮肤管理。

这几年随着医美行业的迅速发展，美容院的数量增加，门槛也越来越低，有许多从业人员专业素养不达标，甚至出现很多不正规的、为追求盈利目的的不良商家，夸大美容项目效果、诱导欺诈或者使用不合规的假仪器和三无产品，造成不少"毁容"事故的发生。所以大家为了规避风险，也为了能够真正运用医美项目为自己的皮肤加分，要记住几点。

（1）要储备一定的皮肤知识

要了解自己的肤质，知道肌肤问题的成因和常见解决办法，在决定做皮肤管理之前，了解一些基础医美项目的相关常识，这样就不那么容易上当了。

（2）不要轻易相信过于夸张的广告

不要抱着太不切实际的期待进行医美。医美项目并不是"换头术"，越带着过高的期待，就越容易被冲昏头脑，在冲动下接受一些非常冒险的和并不适合的产品或美容方法。另外注意，有些皮肤问题（例如脂溢性皮炎、玫瑰痤疮等）属于"皮肤病"，应该及时就医治疗，在这方面医美帮不上太大忙。

（3）请寻找正规的、安全可靠的医院和美容诊所

千万不要贪图便宜，去一些不合规的美容院。脸只有一张，不要冒这种风险。

（4）理智思考

我的学生们一定都特别熟悉我的一句话："化妆没别的，冷静就对了！"今天，这句话也一样可以用在医美上，而且这件事更加需要冷静。我所说的冷静，就是要有充足的思考，学会理性判断，懂得什么是适度。

科普！哪些医美项目真的管用？

（1）果酸焕肤

果酸焕肤，也就是大家口中常说的"刷酸"，是最常见的一种基础皮肤护理项目。原理是用高浓度的果酸进行皮肤角质剥离，促使老化角质脱落，加速角质细胞和上层表皮细胞的更新。皮肤会因此变得更加细嫩，可改善黑头、粉刺、皮肤粗糙、毛孔粗大以及浅层色斑和细纹。尤其是普通的由油脂分泌旺盛导致的痘痘肌肤，果酸焕肤能够使油脂分泌更通畅，减轻痘痘症状。

通常市面上能买到的专柜售卖的果酸焕肤产品，出于家用安全角度的考量，浓度都比较低，一般为 3% ~ 4.5%，而专业美容诊所使用的果酸浓度大多为 20% ~ 70%。进行果酸焕肤一定要由医生来操作，根据个人皮肤状况和耐受程度选择合适浓度，切勿从非正规渠道购买果酸自己刷酸，处理不当有非常大的灼伤风险，还会产生其他副作用。

皮肤过敏和患有皮肤炎症的人群，可能不适合果酸焕肤，如果想尝试也一定要咨询过专业皮肤科医生再决定。除了此类皮肤状况，其他肤质都可以定期进行果酸焕肤，可大大提升肤况的稳定度和整体的皮肤质感。也有很多人担心果酸焕肤会让皮肤越来越薄，其实我们皮肤的正常表层细胞代谢是 28 天左右，随着年纪增长，这个过程会逐渐减缓，果酸焕肤只是加速了这个过程。

果酸焕肤的机制是溶解肌肤表层来启动它的修复程序，并不等同于可能有刮伤皮肤风险的磨砂膏。所以只要是正确合理地使用果酸是不会让角质层变薄的，反而会让真皮层变得更加厚实，让皮肤的保水力增加。

果酸焕肤适合的人群：

① 有青春痘、闭口粉刺、白头粉刺、脂肪颗粒、痘疤人群；

② 有黄褐斑、炎症后色素沉淀、肤色不均、肤色暗沉人群；

③ 有眼角、口角、颈部、胸部、手臂有细纹、皱纹的人群；

④ 有皮肤粗糙、毛孔粗大、想改善肤质的人群；

⑤ 有各种毛周角化症、脂溢性角化病人群等。

果酸焕肤后皮肤会有一些红痒和脱皮，恢复期一般为 3 ~ 5 天，具体会因刷酸的浓度和术后护理方式而有差异。在恢复期当中要非常严格地防晒，尽量停掉常规的功能性护肤品，只使用基础保湿产品和修复面膜。也可能有部分人会出现爆痘期，这是皮肤深层油脂被排出来的反应，属于正常的可预期反应，不用担心，一般过一周左右就逐渐消失了。接下来会明显地看到皮肤变得更白嫩细致、纹理平整，整体状态都会有提升。

（2）水飞梭

水飞梭也是一种非侵入式、非激光、非注射的医美疗程，常常被称作"毛孔吸尘器"。原理是通过水涡轮和吸力去除毛孔内的脏污、促进角质代谢、导入精华液，它能帮助我们改善很多肌肤问题，例如痘痘、黑头、粉刺和色素沉淀。水飞梭的探头非常细小，能深层清洁并针对每一个毛孔，护理时还能按摩肌肤，促进血液循环。操作疗程之后可从集液瓶中看到脸上被吸出来的脏东西，肌肤变得光滑透亮。

相较于其他医美类别项目，水飞梭更像是一个基础的清洁类项目，尤其是对于混合性皮肤和油皮来说，清除黑头粉刺的效果非常好，这也弥补了我们平日居家保养无法做到彻底深入清洁的不足，加上这个疗程基本无痛感、无伤口，也不需要恢复期，很多人会把它当作一个"午休美容"来做，上班的午休时间抽一个小时，做完水飞梭补补妆就可以回去上班了。

水飞梭适合的人群：
① 痘痘肌、痘印痘疤人群，想要减少炎症的人群；
② 油性皮肤、混合性皮肤，有黑头粉刺困扰的人群；
③ 想改善肤色，使皮肤红润白皙的人群；
④ 想改善毛孔粗大、皮肤粗糙的人群。

作为一个典型的毛孔粗大的油痘肌，我认为和我一样有油脂分泌造成的一系列肌肤问题的人，做水飞梭的效果还是非常显著的，因为我们日常护肤，不可能做到这么彻底和精准的清洁。我自己的频率是一个月做一次水飞梭，尤其是当深层除垢步骤做完，黑头都被"吸"出来后，可以清楚地看到机器的水容器中漂着无数油脂粒，那一刻真的觉得很过瘾！

（3）光子嫩肤

光子嫩肤也就是脉冲光治疗，工作原理是运用特定的强脉冲光能量穿透皮肤后，利用不同的波长，产生不同的反应来解决各种皮肤问题，功效全面，能够在不损伤肌肤的前提下解决色斑、红血丝、皱纹等问题，且副作用小。通过光子嫩肤仪强脉冲光子产生的光化学作用，刺激肌肤，使真皮层胶原纤维和弹力纤维产生分子结构的化学变化，恢复其原有的弹性，从而达到消除皱纹和缩小毛孔的治疗效果。

光子嫩肤使用的脉冲光是一种可见光，是一种非剥脱性的美容方法，不会破坏正常皮肤组织，在众多医美项目中，属于比较安全又简单快捷的美容项目。优点是无痛感，做完后可以正常护肤，不影响日常生活，几乎不需要恢复期。但不能产生立竿见影的效果，是一项很基础、温和又全面的、可以作为定期皮肤保养的美容项目。

光子嫩肤适合的人群：
① 有粉刺、痘痘肌、痘印、痘疤、毛孔粗大人群；
② 有先天性红血丝、焕肤后红血丝、红斑、皮肤过敏人群；
③ 有雀斑、黄褐斑、晒斑、老年斑人群。

（4）超皮秒

超皮秒是我自己做过的所有医美疗程中，对于皮肤的改变最大的，不是"换皮"但也可以说是接近"换皮"效果了！这个项目在美容诊所中叫作"Picoway"，是一种无创、非侵入式的激光治疗。超皮秒也被称作是"进阶版的激光"，它是一种具有高峰值功率和超短脉冲持续时间的皮秒激光。它能到达皮肤表面以下，将黑色素分解成人眼几乎看不见的微小颗粒。

超皮秒最初是用来祛除文身的，之后被意外发现可以用来祛除各种斑点，如雀斑、黄褐斑、孕斑等。超皮秒的超短脉宽在极短照射时间下几乎不产生热量，因此我们所担心的疼痛、对皮肤的损害都比传统激光要小很多，术后恢复时间也更短。它也可以通过刺激胶原蛋白和弹性蛋白的产生来治疗痘疤，且不破坏皮肤外层，同时改善皱纹效果也很显著。超皮秒是一种非常适合亚洲人的激光，反黑的概率很小。

我两年前连续做过 4 次超皮秒（一个完整疗程），当时主要是生完小孩脸上多了很多孕斑，肤色不均匀，毛孔也很粗糙。疗程做完之后，毛孔肉眼可见地变紧实了，肤色变得均匀明亮，紧致细腻，痘坑也得到了大幅度改善，整体的皮肤状态看上去年轻了很多，连粉底都浅了半个色号，这让我特别惊喜！

超皮秒的整体优势是，虽然属于激光类疗程，但一般在进行了表面麻醉后几乎无痛感。恢复期较短，1～2天后就可以正常上班出门；治疗次数无需太多，一个疗程是3～5次，效果显著而全面。所以之后只要有人咨询我关于医美项目，我会首推超皮秒！超皮秒的术后反应是会有一点刺痛和泛红，少数人会出现轻微的肿胀，后续只要加强补水保湿，敷医用面膜，用温和的保养品，加强防晒，皮肤就会恢复得很快。

要注意，以下人群不适合做超皮秒：
① 有光敏感的人或内服、外用会增加光敏性的药物的人；
② 刚被严重晒伤的人；
③ 瘢痕体质者。

但需要了解一点，斑点不是单一问题，也没有任何产品和医美疗程能够保证100% 祛除斑点，切勿盲目追求快速祛斑。激光类医美疗程是改善色斑的首选方法，但也要配合使用有美白成分、防止色斑复发的护肤品，加上内服抗氧化剂，会更有帮助。斑点算是皮肤问题中比较复杂和棘手的，治疗过程也比较慢，需要有足够的耐心，也需要找到足够专业的医生和美容师。

（5）黄金微针（点阵式射频微针）

之所以叫"黄金微针"，是由于它的探头是黄金镀膜的，适合各种皮肤，可以防止感染，更安全。微针电极尖端刺入皮肤后作用于真皮层，可减少射频对表皮的损伤。

化妆的哲学
改变人生的美妆秘籍

这个方法同时结合了微针和射频的优势，能够利用微针的长度来控制作用深度，点阵射频微针可以用于改善光老化皱纹，还有颈纹、妊娠纹、痘坑毛孔。

黄金微针的针头直径很小，而且治疗部位要先进行表面麻醉，治疗时基本上不会感觉到疼痛。同时，微针的创伤还能促使我们的皮肤启动自愈功能，刺激胶原蛋白的产生，所以说微针对于毛孔修复的功效很好。而射频是一种高能量的电磁波，当射频电流通过人体组织时，热能作用于真皮层组织，刺激胶原纤维即刻收缩，热效应会导致一系列生化反应的产生，增强新陈代谢，使纤维细胞产生新的胶原，令皮肤恢复弹性。那么黄金微针，就是在刺入皮肤、发挥微针作用的同时，从针尖发出电流射频，这样就成功地越过了皮肤表面，令治疗更加精准。也就是不丢失能量，且安全性更高！

黄金微针和传统射频类项目相比，几乎是不见血不留痂的，恢复期也较短。射频波能穿透表皮基底黑色素细胞的屏障，使真皮层胶原纤维加热至 $50 \sim 65℃$，破坏皮脂腺以及痤疮分支，帮助皮肤消炎抗菌，从而改善面部毛孔粗大、痘坑痘印以及肤色暗黄的问题，抑制面部油脂分泌过剩，防止痘痘复发。非常适合毛孔粗大和痘疤严重的人。

黄金微针适合的人群：

① 想要祛除面部皱纹，如鱼尾纹、法令纹、川字纹、口周纹、抬头纹、颈纹等的人；

② 想要紧致肌肤，提升轮廓的人；

③ 想要祛除疤痕，如痤疮、痘痘疤痕、烧伤疤痕的人；

④ 想要改善妊娠纹、膨胀纹的人；

⑤ 想要改善毛孔粗大和肤质暗淡的人。

可能较少接触医美的人会纠结于超皮秒和黄金微针选择哪一个，简单来说，超皮秒的侧重点是祛除黑色素，也就是淡斑、提亮肤色，而黄金微针更擅长的是治疗痘坑、痘疤和皱纹，令皮肤纹理更平整，肤质变细腻。

（6）水光针

水光针的实质原理，是注射式的点阵微针，不同的是它的针是中空的，后面连带着注射器，可以把透明质酸、肽类、生长因子等直接注入真皮层发挥作用，大大提高皮肤的吸收率，同时也起到了填充和支撑作用，从而让皮肤立刻显得饱满年轻，实现了高效美容。水光针主要注射的就是玻尿酸，1克玻尿酸相当于1升的水，而水光针是向皮肤深层补充玻尿酸，因此补水效果非常好，且保湿效果持久，让肌肤持久水润光泽。同时用针轻刺皮肤，能够刺激肌肤加快新陈代谢，迅速排出人体内的黑色素，改善暗黄干燥的问题，使皮肤水嫩有光泽，提亮肤色。

水光针由于是微侵入式疗程，也是需要进行表面麻醉的，痛感很小。打完之后皮肤会泛红，但几乎看不到针孔，一天内皮肤就可以恢复，术后的三天内要注意敷医用面膜，并严格防晒。玻尿酸本身就有锁水保湿作用，打过了水光针之后，就相当于增强了皮肤的锁水能力，这时是保养的高效期，可以更频繁地敷面膜和使用功能性的精华，效果会比往常更好。玻尿酸注射进入真皮层后，与细胞发生水合作用，可以促进血液微循环以及皮肤对营养物质的吸收，其自身也会不断地被稀释和吸收。因此，水光针注射所能维持的时间是有限的，一般来说可维持1～2个月。

水光针能达到的护肤效果：

① 美白嫩肤，改善暗沉肤色，淡化色斑；

② 收缩毛孔，增加弹力，紧致皮肤；

③ 充分补水，使皮肤水润柔嫩、有光泽，更显年轻通透。

做好这几件事，
美肤、抗老都不再是问题

　　根据前面章节所讲到的肌肤常见问题，以及所对应的护肤方法、保养成分和皮肤管理疗程，相信大多数人已经能找到适合自己的皮肤护理方法了。但如果你仍然觉得太复杂，或者平常真的没什么时间护肤，那么请至少做好以下这五件基础的事（也是护肤中最重要的五件事），不夸张地说，一样能延缓衰老、维持皮肤健康。

（1）清洁

　　这里说的清洁不只是洗脸，而是更广义的清洁，根据自己的肤质、生活方式选择适合的产品，并以恰当的频率洗脸和卸妆。比如，干性皮肤由于出油量很少，在早晨是不需要专门用洗面奶来洗脸的，只需要用清水就可以了。过度清洁也是一种伤害。清洁还包含了角质层和毛孔管理，定期敷用深层清洁面膜，并加入果酸或水杨酸来帮助代谢角质，这都属于"清洁"的范畴。

（2）保湿

　　保湿，是我们护肤的基本，也是保证角质层健康的关键。我们前面讲过，最理想的皮肤状态之一，就是水油平衡，保湿其实就是帮助我们去达到这样一种平衡的状态。干燥的时候，就补充水分和油分，滋润皮肤，以保证皮肤能够进行正常的自我修复。而像油性皮肤在春夏季，不会有干燥问题，就不需要额外进行保湿了，否则会造成皮肤的负担，导致毛孔堵塞、冒痘等问题。但对于干皮，也不能每天疯狂敷面膜，尤其是在角质层被破坏的情况下，这样可能造成水合过度，

引起过敏、红疹、脱皮等问题。正常情况下，每周敷两次面膜就可以达到不错的保湿效果了，任何事情都过犹不及，护肤，我们也要做到理性和恰当。

（3）抗氧化

我们平时经常听到这个词，但什么才是"抗氧化"呢？又是为什么它很重要呢？

抗氧化是抗氧化自由基的简称，人活着一定是需要氧气的，但氧气同样会给我们的身体带来伤害。当携带自由基的氧进入身体，会在体内参与凝血酶原的合成，然后进行一系列的"氧化"动作，损伤体内健康细胞的结构和功能。自由基不仅会破坏细胞、影响正常的代谢和功能，还可能造成身体疾病，产生各种生理紊乱，造成衰老。当然，我们人体本身具备清除自由基的抗氧化系统。但是，嗜酒、熬夜、饮食不规律等不良生活习惯，或者环境污染、紫外线、每天面对电脑手机、工作生活压力大等都会加速自由基的产生。所以，抗氧化其实是"抗自由基"，也就是抗老的关键。

如何做到抗氧化呢？除了使用带有抗氧化效果成分如虾青素、维生素 A、寡肽、酵母提取物等的护肤品，也要多吃抗氧化的天然食物，例如新鲜的猕猴桃、黄瓜、柠檬、橙子，这些都是富含维生素 C 的食物，还有大部分莓果类的水果如蔓越莓、蓝莓，糖分很低，是很棒的"超级抗氧化水果"。

（4）防晒

皮肤科医生指出，至少有 80% 的自然老化，包括皱纹、松弛、老年斑等迹象，是由紫外线引起或加剧的。研究发现，紫外线（根据波长可分为 UVA、UVB 两种）UVA 可穿透表皮直达真皮层，破坏胶原蛋白、弹性纤维乃至改变 DNA，加速皮肤衰老，甚至使之产生病变；UVB 虽然只能达到表皮层，却能够立即引起如发红、色素沉淀、灼热等反应，同时抑制皮肤的天然防护系统。

肤色越浅，就越容易受到 UVB 的侵害，而 UVA 的伤害则不分年龄、性别或皮肤类型。光老化无法立刻显现，却会在经年累月中造成严重损伤，是皮肤真正的隐形杀手。为了皮肤健康，我们需要全年 365 天都认真防晒。

我们先了解一下防晒的概念，好的防晒产品应该能有效防止 UVA、UVB 两种不同波长的紫外线。UVB 会造成皮肤表面泛红发热和形成斑点，UVA 会破坏弹性纤维和胶原蛋白，从而产生皱纹造成老化。

在选择防晒产品时，需要学会看两个重要数据：

SPF——代表抵抗 UVB 的倍数，可延长免受晒伤的时间，以 15 分钟为一倍。例如，SPF30=15 分钟 ×30 倍 =450 分钟。

PA——代表抵抗 UVA 的强度，目前市面上最高为"＋＋＋＋"。在夏天，我们至少要用到 PA ＋＋＋的防晒产品。

防晒系数的选择：

日常生活（大部分在室内），需使用 SPF15 以上、PA ＋＋或以上的防晒产品；

户外运动（大部分在室外），需使用 SPF30 以上、PA ＋＋＋或以上的防晒产品。

正确的防晒产品使用方式也很重要。每次使用 1 元硬币大小的防晒产品量即可。如果担心皮肤泛白或黏腻影响上妆，可以采用少量多次，分 2 ～ 3 次上防晒的方式。防晒产品需要 5 ～ 10 分钟成膜，大部分成膜之后就不会再黏了。我们可以在早晨保养的最后一个步骤使用防晒产品，在等其成膜的时候，去换衣服、整理头发、喝一杯咖啡、吃点早餐。10 分钟之后再开始化妆，这样就不会对底妆造成影响了。另外记得，长时间在户外时，例如去海滩玩或者爬山，一定要每两个小时补擦一次防晒产品，才能确保对皮肤时刻保护。

（5）远离美容谣言

对于网络流传的美容小知识，一定要理智判断。例如：擦凡士林可以增长睫毛，直接吃柠檬可以美白，涂牙膏可以祛痘，皮肤刺痛是因为太缺水，不含防腐剂的护肤品最安全……正是因为很多人在护肤路上都过于渴望"速成"，懒得等待，懒得思考，懒得花时间精力去保养，才会轻信这些很离谱的美容谣言。这些做法轻则无效，重则会对皮肤造成伤害，引起过敏。

所以，学习真的很重要，想要皮肤好，就要先了解护肤常识、肤质肤况、产品成分等相关知识，找到科学的、适合自己的护肤产品和方法，并且一定要理智判断，这样才能做到有效护肤，真正拥有好皮肤。

PART 3

属于你的
宝藏仙女盒

每个女孩都需要一个 Vanity Box（仙女盒）

什么是 Vanity Box？

vanity，如果从字面意思去理解，就是虚荣，这也是古人对女人追求容颜不老的一种偏见吧。

什么是"Vanity Box"呢？可以理解为最早期的化妆盒，这要追溯到 14 世纪，有人发明了一种专门为皇室和贵族打造的极具实用性和装饰性的旅行箱。它能够满足贵族们在外出和旅行时携带随身物品的需求，同时也是一种奢华的装饰物。里面有着复杂的隔层，从餐具、文具、缝纫设备、药膏到香水、小镜子，甚至烛台都有。

在第一次世界大战结束之后，西方女性独立意识觉醒，对时尚的要求和标准也在变化，更简洁的服装解放了女性的身体，但同时也让女性为她们无处安放的香烟、戒指、粉饼和口红而发愁。在 20 世纪 30 年代，法国奢侈品珠宝商梵克雅宝（Van Cleef & Arpels）的后代查尔斯·雅宝注意到一个美国上流家族的女继承人把她的香烟、打火机、钞票、粉饼、口红一起放在了一个火柴盒里。查尔斯·雅宝由此受到启发，决定正式发明"Vanity Box"来响应女性对于多功能化妆盒的需求。在化妆盒中，每个东西都有它固定的位置，通常装有口红、小镜子、眼镜、粉饼粉扑等便于补妆的化妆品。且化妆盒设计精致、用料考究，外观时尚而轻薄，采用华丽的材质制作，并镶嵌有珍珠、宝石、玳瑁等，同时还带有手提链，方便女性在出席公共场合时作为一个吸睛的装饰随身携带。

于是，我们就为 Vanity Box 找到了一个更加贴切的名字——仙女盒，它就像是一个装着魔法的小盒子！

你可以尽情热爱这些无用之物

放在现代，这个"仙女盒"可以理解为化妆包，或是我们用来装自己每日使用的化妆产品和工具的小箱子。很多男性可能不理解，女生买那么多口红，颜色看起来没什么差别啊！而且只有一张嘴，什么时候能用得完？其实，我们买化妆品，根本就不是为了用完它，仅仅是为了"悦己"。化妆的意义，正是通过这样简单又细致的装扮，了解自己更多的可能性，更加愉悦和接纳自己。生活中淡淡的喜悦，来自于过程本身，而不仅仅是"拥有"。

就像庄子说的"无用之用"，一个懂得无用之用的人，才真正懂得什么是有用。这就是庄子超然的人生态度和充满美学意蕴的哲学思想了。人生的乐趣，往往就在于人们不太在乎的那些"无用之物"，比如一些兴趣爱好，欣赏音乐、诗歌，画画，养花养草，甚至看看风景、喝喝茶，这些好像是一定意义上无用的东西，但它正是因为足够的"纯粹"，才能滋养和丰富我们的心灵，因为我们不带目的，只是单纯的喜欢和享受。

在我看来，化妆品有时候就像是一本书、一支你喜欢的画笔、一束生命短暂的鲜花，貌似没有太多实质性的用途，但事实上"无用之物"会改变你的生活方式。只要我们在这过程中学会关照自己内心的情绪，多一点观察、多一点接纳、多一点喜悦和平静，它就是一种美好的滋养，具有润物细无声的功效。

所以，我特别提倡，每个女孩都应该有属于自己的仙女盒，它代表着你重视、珍爱自己，代表着你愿意让生活变得精致起来，你可以尽情地热爱化妆，热爱这些无用之物。但记得，重点不是在于拥有更多，而是在于你是否享受这个过程。

学化妆，一定要先买很多产品吗？

化妆这件事，它的力量比我们想象的还要强大。我说的并不是大家网上看到的那些妆前妆后判若两人的短视频，而是在日常的生活中，它可以用简单的产品和步骤去改变我们。

可能只是用几滴粉底液去均匀肤色，用一根眉笔去填补眉形，用一个大地色的眼影去放大双眼，用一支口红去提升气色。化妆这件事的意义只有一个，就是

呈现出更好的自己。化过妆后，整个人由内而外变得自信，就像是给一个有时暗淡的人抛了光一样，个人风格更加凸显，特质和气质都会被放大。让你更彻底地成为你，化妆，它就是有这样的力量。

　　所以学化妆，不代表你要不停地买东西，也不代表你必须像化妆师一样拥有一整柜子的化妆品，哪怕你只有一瓶粉底、两支刷子、几支唇膏，也可以开始。重要的是立刻开始行动，在实践中学习。在下一个小节，我会总结生活中会用到的所有彩妆产品类别，会向你讲解每个产品的功能和用途，以及一些产品使用上的重要原则和理念。这些基础的原理和方法在我从业十年来从未变过，相信未来的几十年也不会改变。你可以自己去选择需要的产品和工具，来组成你的基础"仙女盒"，未来随着自己化妆习惯的改变和化妆技术的提升，再按需去购买其他产品。方法还是一样，从需求倒推，先了解自己需要和适合什么，然后就知道要买什么了。

产品大科普！化妆品导购不会告诉你的使用逻辑

　　跟风买了一大堆产品，但不会用？在化妆品专柜，导购小姐给你画得特别美，回到家却完全不是一个效果？这些都是因为缺乏对化妆基础原理的学习和产品使用逻辑的了解。把妆化好，不仅仅关乎于技巧，更重要的是底层逻辑。你需要先对自己有足够的观察，知道自己需要什么、不需要什么，所以这个小节，我会从每一个化妆品的类别入手，细分到每一种产品，单独来做讲解。不仅告诉你这是什么，还要让你买得对、用得好。这也融合了我十年化妆工作的经验和对化妆产品透彻的了解，我太爱关于化妆的一切了！以下是完整的化妆产品大科普，每一个单品都包含了使用逻辑和方法，帮助你将自己手上产品的功效最大化，还能少花冤枉钱。

底妆类

妆前乳

　　"妆前乳"这个词可能不如"隔离"那样被大众所熟知，妆前乳的英文名称叫"primer"，顾名思义，是在化妆之前用来打底的，它比"隔离"更不容易令人产生误解。大众对于隔离，更多是一种能隔绝脏空气、污染、蓝光、紫外线的期待，但其实妆前产品根本做不到这些。那么，市面上那么多在保养之后和化妆之前使用的产品，究竟要怎么选呢？

妆前乳存在的意义，就是帮我们将皮肤打造成一个更适合上妆的状态，从而让你更好地涂抹粉底，妆容也更加持久。我知道关于妆前产品的信息和知识体系非常复杂，但我可以给你一个简单的建议——只要搞清楚一件事，就是你的皮肤需求是什么？

如果你的需求是保护皮肤、抵御日晒伤害，那你需要一支好的防晒霜。当然，我建议每个人每天都要坚持认真地擦防晒，这也是所有保养步骤中最有效的一个，请在每天保养的最后一个步骤进行。

如果你的需求是妆容持久、肤色提亮、修饰毛孔，在视觉上让皮肤看起来更好，那你需要的是一支适合你的妆前乳。严格说起来，妆前乳是化妆品，不是保养品。所以它并不是必需的，如果你的皮肤状况很好，对于底妆效果也很满意，那你可以直接跳过妆前乳，无需再为皮肤增加负担。要记得，我们化妆有个原则，在能达到理想效果的前提下，尽可能地少用，这样才能做到妆容更持久，也更干净自然。

记得前面我们说过，选择产品是从底妆效果去倒推，选择哪种妆前乳也是一样的道理，我们主要从以下四个方面去考量。

（1）肤质细腻度

毛孔粗大，有痘印痘疤、细纹皱纹以及皮肤表层纹理比较粗糙的人，底妆的第一重点，都应该是增加肤质的细腻度，也就是让皮肤更加平整光滑。有以上问题的人，最适合用"填补型／顺滑型"的妆前乳，主要成分是硅，硅的效用就是将一切不平整的坑坑洼洼填平。填补型的妆前乳通常用过后面部会呈现亚光妆感，因为光泽感可能会凸显毛孔，而亚光会令毛孔不明显。所以对于面部出油的人来讲，也有减少油光的作用。

化妆的哲学
改变人生的美妆秘籍

有很多人听到这个成分可能会有担心，硅会不会堵塞毛孔啊？会不会容易闷痘呀？其实不需要担心，硅的分子很大，不可能进入皮肤，只是平铺在我们的皮肤表面，也不会对皮肤有任何负担，晚上卸妆时可以轻松洗掉。这一类产品在市面上也很常见，所以摸起来觉得触感滑腻的产品，都是添加了硅，不仅是化妆品，一些护肤品、护发素中也会添加。

（2）底妆持久度

脱妆是很多化妆人士的困扰，尤其是油性皮肤，到了夏季随着温度升高，出油量增加，脱妆更加严重，很可能出门一个小时底妆就花了。因为油是可以"融"掉我们的彩妆的，我们平时用的卸妆产品，无论是面部还是眼部的，卸妆力最强的就是卸妆油了。所以你可以想象，当皮肤出油时，油脂会把我们妆容的粉末包裹住，造成脱妆、暗沉、卡粉。我们只要找到问题的根源，就可以精准解决。对于出油的人群，最直接的解决方式就是控油（延缓出油）！控油妆前乳是油皮上妆前的"必备单品"，一般含有玉米淀粉、硅石和洋甘菊成分，能达到控油与消炎的双重功效。

关于油皮的持妆，我们的思路不一定只停留在妆前乳上，早晨简化保养步骤，用化妆水做三分钟局部湿敷，用冰镇过的勺子或者冰袋冰敷，都可以起到镇定、降温、延缓出油的效果。这样也很利于使油皮的妆容更加持久。

但脱妆不仅仅是油皮才会出现，极干肤质也可能会由于皮肤表层过于干燥，粉底无法平整服帖而脱妆花妆。与油皮相反，干皮这时应考虑的是要增加皮肤的滋润度，可以选用保湿力好的妆前乳。如果手边没有的话，也可以用保养品代替，甚至是护肤精油代替，它们的工作都是让你的皮肤表层充满润泽感，妆容也就更加服帖了。

（3）肤色明亮度

皮肤暗沉，有时指的并不是普遍意义上的"皮肤黑"，而是局部色素沉淀，或由休息不足和健康状况导致的气色不好。让皮肤明亮起来，拥有健康好气色，对整体妆容印象的影响非常大！你身边的朋友同事，可能并不会因为你的肤色白来问你用了什么，但她们通常因为你的气色看起来好、皮肤健康，来追问你如何护肤和用了什么底妆。肤色的细致明亮，远比看起来白重要得多。

要如何在不改变粉底色号的情况下，显得皮肤明亮呢？妆前乳就派上用场了。提亮肤色有两种方式，同样对应两种皮肤状况和需求。

① 皮肤色彩上的"暗"，用带有颜色的妆前乳（有调整肤色功能的妆前乳，也叫饰底乳）来修正。例如肤色蜡黄，我们在面部中央区域使用紫色妆前乳。如果是较为严重，甚至有点偏橘色的暗沉，可用蓝色的妆前乳，提亮的同时能让皮肤有种轻透感。记住，这类提亮饰底产品，只能局部使用于面部高光点，如额头中央、鼻梁、眼下三角区、下巴中央这些我们希望轮廓被强调出来的部位。切忌全脸"刷墙"，这样不仅看起来很假，而且也达不到效果。

② 皮肤光泽上的"暗"，用带有珠光感的妆前乳来修正，也就是大家通常说的高光类产品。这类的妆前乳通常有明显的珠光感，质地也较为轻薄，容易涂抹均匀。使用的方法有两种，第一是在粉底之前用，一样使用在脸部高光区域，不要全脸涂抹，这样可提亮轮廓，增加立体感。第二，如果你的粉底缺乏光泽、粉感重，可以挤一滴珠光妆前乳，与粉底液混合，再全脸涂抹，你的粉底液就被"改造"成为光泽滋润版的粉底液了，保留遮瑕力的同时，还能带来一种视觉上的错觉，就是"假装很轻薄"。我也会常常建议瑕疵肌、需要大量使用高遮瑕底妆的同学使用这个方法。

（4）颜色均匀度

我会不厌其烦地跟所有学生强调，底妆的终极目标就是两件事：均匀肤色和提升皮肤质感。而能帮我们做到这两点的不仅仅是粉底，从妆前乳这一步就已经开始帮我们"改造肌肤"了。

例如敏感肌、痘痘肌常会大面积皮肤泛红，如果这个泛红区域用常规的粉底液遮不住，用太多遮瑕效果又过于厚重，这时就需要在粉底液之前，使用绿色妆前乳去中和色差。红色和绿色为互补色，相邻时相互衬托，叠加时相互抵消。只要经过这个步骤，再使用粉底，你会发现很轻松就能盖住泛红了。

在妆前乳的选择和使用上，还要强调一点，这个步骤不是必须的，有需要的时候再用。化妆时要牢记一个原则，要在能达到理想效果的前提下，尽可能减少产品用量，不需要程序化地将每个产品都使用一遍，这样就能做到妆容自然持久。

有人一定会有这样的疑问："如果我皮肤又泛红又毛孔粗大，应该用什么呢？"如果是专业化妆师的话，可能会根据皮肤局部状况分区使用妆前乳，但日常生活中，一般人如果觉得麻烦或担心自己画不好，就没必要两种妆前乳都用了。永远以你的底妆需求为准！也就是说，底妆最困扰你的问题是什么？你最渴望达成的底妆效果是什么？以这些去倒推你应该首选的产品。

全面妆前乳科普

扫一扫二维码，观看
蕊姐美妆学院课程视频

粉底

牢记底妆的终极目标——均匀肤色和提升皮肤质感，这也正是健康好皮肤的标准。那什么才是好粉底呢？相信你也能推理出来了吧？不是哪个博主说好就是好，也不是你闺蜜用着好就一定适合你，而是真正能帮助你接近这个终极目标的粉底，对你来说才是最好的粉底。那么，想要找到最适合自己的粉底，有什么评测标准和方法吗？

（1）选粉底要看这几个重点

① **颜色**：最好的颜色，就是能与你肤色融为一体的颜色。粉底不是用来变白，而是用来均匀颜色的。不信的话可以多尝试几个粉底色号看看，一个是比你自己白两个色号的粉底，一个是和你肤色一模一样的粉底，都全脸上妆对比，一定是后者显得自然、健康、好看。因为我们往往低估了均匀肤色的力量，也高估了"白"的重要性。选择粉底需要看两个基本参数，冷暖色调和色阶（也就是颜色的明度），只要这两样都符合你的肤色，那色号一定不会错。

② **细腻感**：用完粉底让你的皮肤显得更细腻了，还是更粗糙了呢？毛孔变小了吗？细纹有没有变得不明显？有没有增加饱满紧致感？这些都是全面衡量皮肤细腻感的标准，也就是我常说的皮肤质感，可以让你看起来天生好皮肤！

③ **遮瑕力**：遮瑕力是指粉底对于瑕疵和原本皮肤颜色的覆盖力。这个就和我们本身的肤况和希望达到的底妆完美程度相关了，皮肤较多瑕疵，希望肤质更完美一些，可选遮瑕力更好的粉底。如果追求清透感的裸妆效果，就要相应选择轻薄一点的底妆。

④ **持久度**：关于影响持久度的因素，第一是肤质，第二是粉底的使用方式，

第三才是产品本身。妆面脱妆、不持妆，基本都是因为皮肤出油较快。如果是油性皮肤，化妆2～3小时后局部脱妆都是非常正常的，除了选择适合自己的粉底，还需要学会给皮肤做好妆前打底和补妆。出油较少或者基本不出油的肤质，就不太有脱妆问题。市面上强调针对油皮的粉底，从成分配方上来讲，会更针对于控油。而强调润泽感、保湿、"水光肌"的粉底，更加适合中到干性肤质，不仅自然服帖，还能"越夜越美丽"（时间越长，妆效越好）。但如果油皮用到这样的粉底，会脱妆更快。

（2）粉底产品的类别

首先我们可以从粉底的形态上或包装形式上进行区分。最常用的就是粉底液，这也是所有粉底中类别最多的产品。粉底液又分为持妆的、滋润的、遮瑕力好的、自然透亮的、强调光泽感的等，基本上每个人都能找到符合自己需求的粉底液。

粉底霜是霜状或膏状的粉底，通常由于添加了更多的滋养成分，遮瑕力和滋润度都会增加。当然这不是绝对的，也有很适合混油皮使用的粉底霜，总的来说，偏干肤质、熟龄肤质，更建议选择粉底霜，能轻易画出"奶油肌"的妆感。日本品牌推出的粉底霜有很多都特别优秀，使用感和颜色都很适合东方人。

气垫是这几年特别流行的底妆类别，最初在日韩品牌中最常见，后续由于其广泛流行，欧美品牌也都跟着推出了不同的气垫粉底。它的优点就是上妆快速又简单，轻拍均匀就好，不需要什么技术，很适合新手和晨间没什么时间化妆的人，随身携带补妆也很方便。

粉条类产品，是接近固体的粉底，早期常用于舞台、影视剧的化妆，因为其遮瑕力够好又足够持久。缺点是妆面易显得厚重和干燥。但近几年推出的粉条产品，在配方和质地上有了很多的革新，有不少粉条既能做到有遮瑕力，也能做到妆感自然和滋润度好。粉条产品上妆较方便，直接涂抹在脸部重点区域，然后用美妆蛋迅速涂抹均匀即可，也便于随身携带补妆或局部叠加代替遮瑕使用。

底妆产品大科普

扫一扫二维码，观看
蕊姐美妆学院课程视频

遮瑕

前面我们讲了，粉底的工作是帮助我们均匀肤色和提升皮肤质感，而遮瑕的工作，主要就是遮盖粉底遮不住的瑕疵。遮瑕膏中的粉体比例比粉底液高很多，也就说明其遮瑕力更强，所以一般是局部使用，哪里有瑕疵便遮哪里。千万不要太大面积使用，会造成妆感厚重。

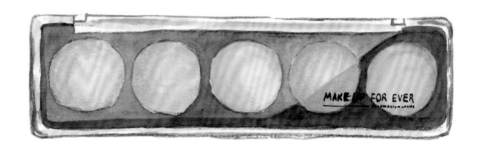

遮瑕根据质地通常分为膏状和液状的，根据使用习惯和遮瑕需求来选择。

遮瑕膏：偏硬膏体，无流动性，需借助刷子或海绵晕染。它的遮瑕力很强，有的连文身和颜色很深的疤痕、淤青都能遮住。适合点状（如痘痘、痘印、斑点）和线状瑕疵（法令纹、泪沟凹陷），因为可以做到位置精准不移位。

遮瑕液：接近乳液状，有一点流动性，易晕开，可用手指或工具涂抹。遮瑕

化妆的哲学
改变人生的美妆秘籍

力中等，颜色选择多，适合片状遮瑕，也就是大范围瑕疵，如大面积的斑点、暗沉、大片痘印和泛红等。也经常被当作提亮产品使用。

遮瑕的原则是还原你原本的肌肤颜色，所以可想而知，每个人适合用的遮瑕色彩都有些许不同。市面上的遮瑕盘会有至少两个颜色，多的会有六个颜色，为的就是去贴合不同瑕疵的颜色以及做调色使用。我们简单说说不同色彩遮瑕的作用吧。

橘色／蜜桃色遮瑕——修饰黑眼圈，黑眼圈偏青蓝色，橘色可以中和掉这个颜色。

黄绿色遮瑕——遮泛红的痘痘和痘印，应用了红绿色相互中和的原理。

黄色遮瑕——遮严重的紫色黑眼圈，黄色可以中和掉紫色。黄色遮瑕也可以用来做面部提亮。

粉色遮瑕——修饰斑点，粉色较容易使偏棕色的瑕疵隐形。

正常肤色遮瑕——修饰其他色差不严重的瑕疵，也适合大面积使用，例如遮盖暗沉和脸颊泛红。

建议至少准备两个颜色的遮瑕，一个偏黄，一个偏粉。不仅可以单独使用，还方便调色，不同的混合比例可以调配出好几种不同的颜色。黄色的比例比粉色多，调出来颜色会偏暖，粉色的比例比黄色多，调出来颜色会偏冷。可以多尝试着去调出最适合你肤色的遮瑕色。

眼袋和黑眼圈的遮瑕

扫一扫二维码，观看蕊姐美妆学院课程视频

定妆粉

定妆粉也就是大家平常常见的粉饼、散粉。它们都是在底妆的最后一个步骤使用，我们来讲讲具体的类别和各自的作用。

（1）蜜粉

蜜粉又分为散粉和蜜粉饼两大类别，散粉一般都是罐装或盒装，容量通常都很大，易蘸取，适合用大的散粉刷或者粉扑来上妆。蜜粉饼质地和散粉一样，但是是压紧实的版本，可以随身携带，里面附带小镜子和粉扑，方便补妆。蜜粉的特点是没有明显颜色，几乎完全透明，无遮瑕力，靠本身的干粉质地将"湿"的粉底液包裹住，以做到底妆的持久。

定妆产品的类别和用法

扫一扫二维码，观看蕊姐美妆学院课程视频

（2）粉饼

虽然同是定妆类产品，但粉饼不同的地方在于，它与粉底液一样，是带颜色的，也分不同色号，需要根据自己的肤色来选择，有些还带有防晒功效，很适合外出补妆。由于带有不错的遮瑕力，所以日常妆容我不建议使用粉底液后再使用粉饼，可能会显得妆容厚重。为了达到妆感和遮瑕力的平衡，我们可以在只使用妆前乳或者防晒时，再叠加粉饼，保证肤色均匀。当你使用完粉底液再加遮瑕时，用蜜粉定妆应该就足够了。瑕疵肌人群希望叠加遮瑕力时，可选用粉饼。

化妆的哲学
改变人生的美妆秘籍

颊彩类

腮红

颊彩这个类别女孩们一定都非常熟悉了，最常用的就是腮红粉，也就是我们在市面上通常会看到的压成类似粉饼状的腮红。这类产品只要使用适合的腮红刷，上色均匀自然，就能立即让我们拥有好气色。

另一种形态的腮红就是"湿"的腮红，有膏状、霜状、液状的，这类产品的优点是用起来更加显色，也更加持久，效果像是从皮肤里透出的自然气色。缺点是对使用技巧的要求稍高一点，要先在手背上均匀晕开，再用指腹一点点上妆，新手有可能会涂不均匀，或掌握不好用量。也有很多的腮红霜产品是唇颊两用的，等于是二合一产品，这样腮红和唇色还可以统一色系，使妆容看上去更协调，有氛围感。

小贴士

关于腮红更持久的方法：

很多人都有过这样的经验吧，早晨画好美美的腮红，不到中午，腮红就消失了。其实腮红算是非常容易脱妆的一类产品，如果能在腮红膏、腮红霜之后用蜜粉定妆，然后再使用一层腮红粉的话，就相当于"三明治"画法，可以做到一整天不脱妆。

修容和高光

越来越多的女孩开始在日常化妆中加入修容和高光步骤了，这正是代表大家对于妆容的细节要求更高更精致。修容算是妆容中的难点之一，一方面容易选错颜色，另一方面容易用错位置或晕染不干净。

我们先说说修容应该选什么颜色。修容的目的，是利用在脸上画出的假阴影去仿照生活中光线照在脸上形成的自然阴影。如果画得好，不仅可以使脸变小，还能做到面部五官和骨相的微调，可以说是真正的"微整形"了！

既然要仿照阴影的颜色，修容色就要带有适度的灰，最理想的颜色就是带有一点灰色的中性棕色，不能太偏红或者偏黄，否则会显得突兀。另一点要注意，修容一定要选择亚光的，因为亚光带有收缩效果，珠光反之会膨胀。

从质地上来看，和腮红产品类似，修容产品也分为两种，一种是膏状，在蜜粉定妆之前使用，妆效更加持久。一种是粉状，在蜜粉之后使用，更容易上手。

高光产品的作用原理，和修容刚好相反，是利用珠光和浅色的膨胀效果，在脸上强调出想要突出、膨胀的部位，例如眼下三角区、鼻梁、下巴中央等。也同样分为膏状和粉状，另外高光液也很常见，这和我们前面提到的珠光妆前乳属于同一个类别。液态和膏状产品效果更加自然，更能融入皮肤，但同时也需要更多技巧。粉状产品使用简单，珠光感会更明显一些。但当珠光感过于明显的时候，反而会凸显毛孔和细纹，所以觉得皮肤不够细腻的人，应尽量用膏状的高光。

高光的色彩不算多，基本上根据皮肤的色调和色阶去选择即可。简单来说就是暖皮选暖调、冷皮选冷调、白皮选浅色、深皮选深色。我们东方人大众肤色常用的几个颜色有：

珍珠白——适合皮肤天生白皙的人；

浅香槟色——偏暖肤色，几乎大部分人都可以用，能自然融入肌肤，很适合日常妆；

香槟金色——更深一点的金色，适合暖调自然肤色的人；

粉金色——适合冷白皮的人。

修容产品"扫盲"

扫一扫二维码，观看蕊姐美妆学院课程视频

眼妆类

眼影

无论是化妆新手还是专业化妆师，无论是学生还是朝九晚五的上班族，无论是日常妆容还是舞台妆容，眼影产品都属于必备品类！选对颜色，用得好，就能立刻修饰眼形，增加深邃感，强调出整体妆容的个性。眼影的体系其实有些复杂，并不是简单地涂上颜色即可。相信很多初学化妆的女生都曾有过画眼妆显脏显老，甚至画完像多了一块"淤青"的情况，主要原因一方面是技法不到家，另一方面是没有选对产品和颜色。眼影大体可以分为两大类：眼影膏和眼影粉。

（1）眼影膏

眼影膏是一种看起来比较难，但实际上对新手非常容易的产品。市面上的眼影膏产品一般是像眼线胶一样的小罐子包装，或者做成眼影笔。我强烈建议所有对画眼妆不自信的女孩们都尝试一下眼影笔，只需要在靠近眼线的位置描几下，然后用指腹快速左右晕染开就好，几乎不需要技巧，30秒的一个步骤，就可以完成最简单自然的日常眼妆。并且眼影膏／眼影笔这类"湿"状态的产品，持久度比眼影粉好很多，连眼周爱出油的人都能轻松持妆8小时以上。这也是化妆师在给模特化妆时，很喜欢用的产品。

（2）眼影粉

这就是我们平时最常见的眼影形态，一般来说建议用眼影刷来上妆，新手也可用产品附带的棉棒画眼妆，但需要注意棉棒比较容易滋生细菌，用3～5次之后就要清洗或替换。眼影粉根据质地和光泽感，可以分为亚光、丝缎光泽、珠光、闪片质地，这个顺序刚好是由低调到高调、由收缩消肿妆感到膨胀效果妆感的顺序。东方女性的眼部轮廓多数都比较平，所以建议必备几个亚光的眼影，其打造立体轮廓的效果是最好的。闪亮的眼影当然可以用，但不要大面积使用，只用来局部提亮就好。

眼影配色

扫一扫二维码，观看
蕊姐美妆学院课程视频

眼线 / 睫毛膏

我倾向于将眼线和睫毛膏放在一起讲，因为它们有着类似的作用，都是增强眼部的存在感。英文中会常常说到一个词"definition"，字面看是"定义"的意思，但用在化妆中，指的就是增强轮廓和线条。很多人在没画眼妆的时候，看上去有些没精神，但只要刷上睫毛膏，眼睛仿佛一下子就被打开了！这就是增强了眼睛的轮廓和存在感。

眼线产品分为眼线笔、眼线液、眼线胶。眼线胶的优势是比较顺滑、易晕染、延展度好、颜色饱和，很适合画内眼线和外眼线。眼线液的线条利落、妆效持久，适合易出油的人。眼线笔妆效柔和，适合初学者，但相比之下是持久力最差的，尤其是在眨眼的过程中，很容易晕染到下眼睑上。但前几年出现了一种全新形态的产品——眼线胶笔，中和了眼线笔和眼线胶的优势，颜色饱和，笔芯软容易上色，也不易脱妆。对于东方女性，尤其是内双眼型特别容易脱妆的人来说，真的是一大福音！

我也建议每个女孩都好好练习使用睫毛夹，单凭将睫毛夹翘这一个步骤，就已经能将你的眼睛有效放大了。夹翘睫毛后，要刷上自然纤长的防水睫毛膏，这一步的作用是帮睫毛定型，睫毛变得卷翘之后，对于上眼皮有一定的支撑力，还能有效延缓眼妆脱妆。

眼线笔的用法

扫一扫二维码，观看蕊姐美妆学院课程视频

唇妆类

相信口红应该是所有女生接触的第一个化妆品了，小时候我们都曾经偷偷用过妈妈梳妆台上的口红。唇妆类产品在化妆的所有类目里，算是难度系数最低的，不容易出错，对新手来说也比较容易上手。唇膏，是可以几秒钟就能提升气色和妆容质感的产品。

市面上的唇部产品越来越多，从质地上可分为唇釉、唇蜜、唇泥、液态唇膏等，根据自己对于唇妆的显色度、持久度和滋润度的需求来选择即可。通常来说，持妆度越好的唇部产品，会更偏亚光质地，同时也会更干燥一些。相反，越滋润的产品，持久度会相对弱一些。但滋润度其实可以通过用润唇膏打底来解决。

显色度和持久度排序依次为：液态唇膏＞亚光唇膏＞唇泥＞滋润唇膏＞唇釉＞唇蜜。

滋润度排序依次为：唇蜜＞唇釉＞滋润唇膏＞唇泥＞亚光唇膏＞液态唇膏。

饱满、有年轻感的唇妆这样画

扫一扫二维码，观看蕊姐美妆学院课程视频

化妆工具的
精准选择

一套好刷具，是化妆中最值得的投资

　　对于很多初学者来说，选择化妆刷非常难，市面上那么多的品牌和种类，让人眼花缭乱，不知道该怎么挑，也不知道买了之后怎么用。好的刷子价格也通常较高，尤其是全手工制作、使用较稀有的刷毛的刷子，但如果对比购买化妆品的

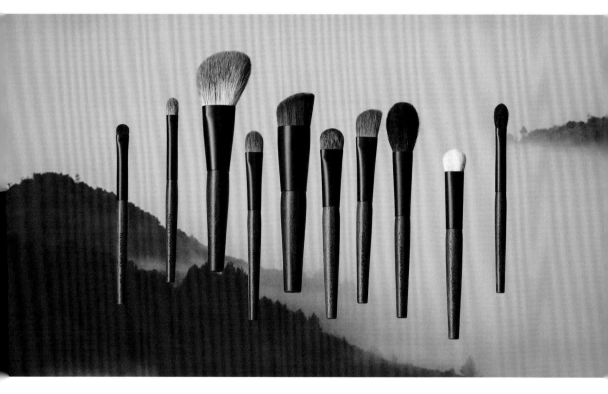

2021 年 12 月新推出的 The S Collection 限量化妆刷套装由蕊姐亲自设计，日本竹宝堂生产。本小节内容中出现的刷具图均来自该系列。

总消费和使用频次的话，刷子的性价比其实是很高的。在消费这件事上，我们也应该建立一种思维模式，要买得对且买得有意义。

首先，刷子是我们每天化妆都必须使用的工具，使用频次非常高。好的刷子，一定能帮你画出更细致更好看的妆容。以我多年在专业领域的经验，我也更加建议大家买一套真正的好刷子，以及一些最基础的、最适合你的彩妆产品。彩妆品是会过期的，尤其液态产品最多不超过一年，用不完就得扔掉了。但化妆刷不一样，一套刷子只要保养得好，几乎不需要替换，使用超过五年是没问题的。在我的工具箱里，甚至还有我曾经在化妆学校使用的化妆刷，寿命已超过了十年，到今天仍在使用。

我从入行到今天，买过的化妆刷也有几百支了，在用过世界各地的化妆刷品牌、试过各种各样的刷毛和刷型后，始终找不到心目中 100% 完美的刷子。于是，我在 2018 年首次推出了我个人品牌的化妆刷，整套化妆刷都由我亲自设计，由日本殿堂级刷具生产商竹宝堂代工生产。每一支刷子都要经过八十几道工序纯手工制成。做刷子，是我身为化妆师的梦想，我一直希望做出符合我们东方人面部轮廓特点和妆容需求、高质量也易上手的化妆刷，使其成为实用的、好用的、以一抵多的工具。

底妆刷

无瑕粉底刷

　　底妆在我们的整体妆容中占有非常大的比重，好的刷子要能帮我们画出漂亮自然、宛若天生皮肤的底妆。这支刷子的形状胖胖圆圆，横切面呈现轻微圆弧状，并带有一个角度，我称它为"坡形刷"。这样设计是为了在刷粉底时，可以完整地从刷毛的最末端接触皮肤。它的接触面较大，刷毛也很密实，不容易出现刷痕，上妆快速又自然，遮瑕力好，能做到"抛光"一般的效果，还能保持适当的润泽度。尤其对于不知道如何掌握粉底用量的人来说，用刷子上妆可随时调整用量。

　　这个刷子也非常适合用来上气垫粉底。通常我们使用气垫都是直接用里面附带的粉扑，虽然快速方便、遮瑕好，但底妆附着不够均匀轻薄，有时长时间带妆可能会出现结块、浮粉的状况。用这支粉底刷的刷毛末端少量蘸取气垫粉，然后用盖章的方式轻轻点戳毛孔粗大的位置，很轻易就能达到修饰毛孔、平滑肌肤、均匀遮瑕的效果了。

我做化妆刷的设计，还有一个重要的考量，就是尽可能"一物多用"，一支刷子，最好能有两种以上的用法，这样我们在工具上就能做到简洁精练，这也正是我化妆的理念。这支刷子还可以用来铺粉饼或者矿物粉，妆面效果会更加无瑕。

打底刷

这支刷子的原名其实叫"打底刷"，设计初衷是用来涂抹一切水感、液态质地的底妆产品，如妆前乳、高光液、粉底液，甚至是乳液等保养品。我的设计灵感来源，是涂抹黄油的刀，就像是边刮边抹，把黄油由厚涂到薄一样，因此这把刷子又叫"黄油刀"。

它类似于铺粉底的舌形刷，但功能却更多一些，不只可以用来刷粉底，还可以涂抹膏状和液态的修容、高光、腮红。

我最爱的就是它可以将底妆晕染至无痕，均匀透亮却不着痕迹。刷毛采用的是珍贵的黄狼毛，它比人造毛用起来更柔软舒适，也比天然毛的韧性更好，保证了使用时的舒适度，还能适当释放水分，保持底妆的润泽。

遮瑕刷

它是"无瑕粉底刷"的迷你版，也是一个小小的"坡形刷"，与粉底刷的作用是相似的，都可以提高遮瑕力、快速均匀晕染并有抛光效果。只是这支更适合用在较小的区域，如黑眼圈、泪沟、面部斑点或泛红区域、下巴暗沉处等。可以用点戳的方式增加遮盖力，也可以用轻刷的方式来增加光泽感，尺寸用起来特别顺手、灵巧。它当然也不止一个用法，还可以用来画鼻影，比普通刷子的效果更加柔和自然，新手再也不需要担心画出脏脏的鼻影了。

面部刷

颊彩刷

我一直认为颊彩刷是面部刷中最重要的一支，其他产品也许还能用手或用海绵来替代刷子上妆，但腮红几乎是不可能的。这支刷子也是我自己在日常生活中画淡妆必不可少的工具。采用的是灰松鼠毛，它的柔软度和舒适感几乎是不可替代的。

好看的腮红，最重要的就是打造一种好气色和氛围感，而不在于画出色块或妆容重点。所以，上色讲究"轻、意、柔"——轻，指手法自然不

刻意；意，指渲染出的氛围感；柔，指柔和而灵动。这很像我们中国传统的写意山水画，旨在表现意境深远和画面的渲染。那么能兼顾这样的着色特点的，可能就只有松鼠毛的刷具了。刷子的形状看上去也比一般的腮红刷更小一些，即使不太会化妆的女性用起来，也能轻松上手，精准又自然。同时，这支刷子也完全可以用来刷散粉，如果你外出只带一把面部刷来补妆，这一支就足够。

散粉刷

散粉刷是我们平时用到的化妆刷中最大的一支了，因为它的作用范围最大——要进行全脸定妆。这支刷子的形状也有一点特别，我把它设计成有着优美圆弧的扁长形的斜面刷，在大面积刷散粉时可以非常快速，这样的刷型不容易将散粉飞溅得到处都是，能让妆面保持干净。它也能轻易扫到发际线、鼻翼周围、唇周这些较小的区域，做到精准定妆。刷毛使用的是雪狐毛，中和了羊毛和灰松鼠毛的弹性，晕染力好，同时柔软舒适。

这支刷子带有斜角设计，也可以用来刷修容粉哦！东方人的面部相对于欧美人来说较为平缓柔和，我们的修容也不能过于棱角分明，所以应当选用形状稍大一点、有分量感的刷子，能将修容粉的颜色晕染得更淡更柔，塑造极致自然的轮廓。

轮廓刷

这支刷子在设计之初，是用来刷鼻影和面部提亮的，这些区域面积小，更需要精准的刷子，所以有了这支"精准轮廓刷"。但做出来后我发现它的用途远远不止这些，这支刷子比普通的面部刷小，形状呈一个宽宽扁扁的"半圆"，特别适合用于眼下的细节定妆，尤其是眼睑有细纹的部分，普通刷子不容易掌控用量，用少了蜜粉会脱妆，用多了蜜粉就会卡粉。而这支刷子刚好能解决这个问题，同时也能用来刷眼窝轮廓，横向晕染两三次，眼窝自然就出来了。现在非常流行的眼下区域提亮，尤其是雾面高光提亮，用这支刷子特别合适。

眼部刷

眼周刷

为什么要使用眼周刷呢？一般画眼影膏都是用手指，快速又方便，但用手还是会有顾不到的小细节，比如在接近睫毛的位置不好涂抹，尤其是长期美甲的女孩就更麻烦了。另外我发现新手化妆技法不够好，边缘可能也画得不够干净。眼周刷就这样诞生了，它有别于市面上普通的圆弧形的眼影刷，是扁片状的，有一个柔缓收尖的角

度。平铺使用，可以迅速大面积地铺色，用刷子的侧面来画，则可以照顾到细枝末节，不会遗漏。

这支刷子使用的是黄狼毛，刷膏状和液体眼影再适合不过了，不吃粉，且画出来轻薄自然。这支刷子还有一个特点，它的宽度刚好能覆盖我们的黑眼圈，所以也特别适合用来画眼下的遮瑕，可以快速涂抹，均匀遮盖。当然，其他的微小区域也可以使用，如法令纹、眉毛周围、唇周等。

晕染刷

这是我最喜欢的，也是最常用的眼部刷，甚至可以说，我的日常生活妆容，只用这一支眼影刷也足以完成眼妆。这支刷子的形状有一定长度，是圆弧形设计，且将刷毛设计成了全松鼠毛，使用感更加柔软、自然，即使是下手重的人，也很难画不好。这支刷子可以用于晕染眼窝、大中小范围的轮廓和渐层的晕染，非常实用。

铺色刷

这支刷子比晕染刷刷毛更短更扎实，抓粉力也很好，用于中小面积的上色，可以平铺眼影，也可以垂直于皮肤晕染细节，尤其适合画下眼影，即使你用了好几个颜色，也不用担心显脏，这样的刷型能帮你画出自然渐层，也可当作唇部刷来帮助晕染渐层唇妆。

细节刷

　　这是眼部刷中最小的一支了，专门用来描绘眼部细节。柔软的灰松鼠毛是为了最大限度地给予眼部舒适感。我的眼周就比较敏感，用到扎皮肤的刷子，眼部就会痒和泛红。眼周皮肤是最薄、最敏感的位置，我们应该以最轻柔的方式去化妆。这支刷子是扁短形的设计，越短的刷毛晕染力越强，它可以画出很细致的细节，进行眼头和下眼影部位晕染，也可以配合深色眼影画出眼线效果。一般眼部刷我们配备大、中、小三支就足够应对所有的眼妆需求了。

脸部刷用法教学

扫一扫二维码，观看
蕊姐美妆学院课程视频

PART 4

让妆容更美的
十个秘籍

化妆的核心部位 秘籍1
——黄金三角区

黄金三角区[①]，决定了你的视觉年龄

说到眼下三角区，就一定要先了解什么是苹果肌，这两个部位大部分是重叠的。当你对着镜子笑的时候，就能看到苹果肌（也叫笑肌）。苹果肌并不是肌肉，主要是颧骨靠里的脂肪组织。苹果肌的位置在眼睛下方两厘米处，呈倒三角状，微笑或做表情时会因为脸部肌肉的挤压而稍稍隆起，看起来就像圆润有光泽的苹果。

当我们十几岁的时候，苹果肌饱满且位置偏高，使人看上去紧致、年轻、有朝气。但到我们30岁之后，脸部支撑力减弱，出现老化和轻微下垂，苹果肌的

---

① 黄金三角区也叫作"眼下三角区"，这个区块可以说是我们脸部最重要的区域，不仅是因为它的位置处于我们脸部靠近中央的部位，是视觉的焦点，更是因为这个位置，会直接决定你的视觉年龄。这是什么原理呢？

位置就会向下移。这样会使苹果肌原有的位置变得扁塌、缺乏立体感，使颧骨看上去更高更明显，法令纹变得更重，人看上去也就显得疲惫、老气。要想让整脸状态显得更年轻，就要让苹果肌上移，使之变得更饱满。所以，我把它称为"黄金三角区"，可见这个位置在妆容当中的重要性。这也就是为什么很多人会去做玻尿酸填充的原因，都是为了让苹果肌回到朝气蓬勃的少女时期的状态。但其实，我们根本不需要动用医美手段，化妆就可以快速解决这个问题！

前面说到的决定视觉年龄的黄金三角区，和苹果肌有重叠，但不完全一样。它位于苹果肌到下眼眶之间，覆盖了苹果肌的上半部。虽然大家经常听到这个词，但很少有人能真正说清楚，这个三角区究竟在哪里。我从画过上千张脸的经验中总结出了一套测量方法，让每个人都可以轻松找到自己的黄金三角区！

D. 与泪沟的交点
A. 下眼眶最低点
B. 颧骨最高点
C. 苹果肌中心点

找到属于你的黄金三角区

A 点——正面平视镜子，先用手摸下眼眶，找到下眼眶的最低点。

B 点——用手找出颧骨最高点。

C 点——理想苹果肌中心点。为什么是"理想"呢？因为如果老化和下垂已经发生，按照自然苹果肌位置去找，这个位置就会过低。将它"画"回理想的位置，就是我们化妆时可以达到的最大限度的美化效果。

　　D点——先找到泪沟（眼头下方的凹陷处），再将A和B点连接成一条直线，这条线和泪沟的交点就是D点。

　　这时将B、C、D三个点连接起来，就形成了专属于你的黄金三角区，而这个位置就是面部妆容的关键！

如何画好黄金三角区？

　　黄金三角区有以下几种重要画法：

　　① B、C、D点连起来的三角形以内是明部区域，需要被提亮。当这个位置亮起来，苹果肌的上缘至中部就会立即饱满，改善了面中扁平的问题。但注意，这个区块比较大，使用珠光感的产品容易显得毛孔粗糙和油亮。可以用无珠光感的、稍浅一些的粉底膏、遮瑕或提亮膏，轻薄涂抹在这个位置，并将边缘处自然晕染，就能立即达到年轻五岁的效果！

　　② 珠光感的膏状或粉状的高光在C点到B点的连线靠上位置使用，这个位置也刚刚好就是面部的明暗分界线。这条线以内就是脸部中央，颜色和光感要更加明亮，这条线以外是脸部的暗影区，用色要稍微深一些，主要以修容为主，重叠一部分腮红。明确了这个三角区，脸部明暗就可以精准地画出来了。

　　③ 腮红从C点位置下笔。化妆的时候，请记得，化妆刷接触皮肤的第一下，颜色最重、最饱和，随着笔刷的晕染，颜色也会顺着刷子的方向逐渐变淡，这时渐层就出现了。最基本、最常用的腮红画法就是颜色从面部中央逐渐向脸颊外侧变淡。用眼下三角区也能帮助你轻易找到正确的位置。

面部提亮分类教学

扫一扫二维码，观看
蕊姐美妆学院课程视频

三大美肌重点， 告别无效化妆

秘籍 2

这些年我在教学中，发现学生们在化妆过程中遇到的最大问题就是——"无效化妆"。

什么是无效化妆呢？就是所有的步骤都做了，所有的彩妆产品也都用了，但是化完妆还是看上去没什么改善，五官没有变得精致，皮肤没有变得更好看，人也没有看上去更有神采。这就是大家常常说的："画了和没画一样。"

之所以会无效化妆，正是因为你在化妆的时候抓不住重点，或在未观察自己的肌肤状态和五官特点时，就开始动手了。如果我们在生活妆容当中，想要打造看上去毫不费力，却能让你的整体样貌和状态提升的妆容，必须要掌握"三大美肌重点"，这是决定我们整体妆容的关键。产生无效化妆，基本上都是由于两种状况，要么是三大重点全都画错，要么是三大重点全都忽略了。只要能把握以下三大重点，你的妆效就会事半功倍，使你轻松成为"天生美人"！

粉底的作用不是变白，而是均匀肤色

直到今天，仍然有大量的女孩子使用粉底的唯一目的，就是为了变白！购买粉底的时候，连试都不试，直接就买最白色号。这种想法甚至已经根深蒂固地植入大家的脑海中，是大家对于粉底最深的误解。你有没有发现，当你为追求白皙，用了不适合自己肤色的粉底后，由于其颜色过白，底妆浮在你的皮肤表面，看上

去好像一层面具。这样的妆感不仅不自然，而且也不会为你的整体妆容加分，甚至使你显得过时和老气。

这就说明你需要在化妆审美层面进行提升，在化妆前你一定要知道，自己适合什么，需要什么，什么样的方式会让自己变美变年轻，什么会让自己突出个性和特色。这并不像想象中那么难，你只要对自己做足够的观察，了解化妆原理、学习方法，并不断练习，逐渐就能培养出化妆的美感以及恰当的分寸感了。

那么粉底在妆容中的作用到底是什么呢？那就是均匀肤色。

千万别小看这个工作，均匀肤色可比变白和消除细纹的效果要好得多！只要这一步能完成好，妆感就会变得舒服自然、干净透亮，人也会立即变得有年轻感，也能让整体底妆的质感得到提升，妆容看上去精致细腻，视觉重点会让别人从你的"妆面"转移到你的"皮肤"本身，会令人不自觉地赞叹："真是天生的好皮肤！"这才是底妆应该做到的效果。从现在起，丢掉比肤色白太多的粉底吧。

当我们选择粉底颜色的时候，可以从色调和色阶两方面出发。

色调指的是我们皮肤的冷暖。在肤色的组成中，红、黄、蓝三个元素全都有。冷色调皮肤，由于粉色比重更重，所以看上去更偏粉或偏红，真正的纯冷肤色在中国人当中是极少见的。我们身为黄种人，多数情况下皮肤的黄色感都占更大比例，也就是大家常常听到的暖肤色。肤色的色调也叫作基因色调。但没有绝对的"黄皮"，只是红黄蓝三色的配比比例不同而已。选粉底，要和自己的基因色调相吻合，也就是暖肤色的人，要选择暖色粉底，冷肤色的

冷调　　　　　　　　　中性　　　　　　　　　暖调

人要选择冷色粉底，这样我们的底妆和皮肤颜色才会看上去协调。还有一种肤色，看不出明显的偏黄或偏粉，冷暖比例相差不多，皮肤带有微微的蜜桃色，这属于中性色调，对应的粉底选色也要靠近中性色调。

　　色阶就比较好理解了，说的是颜色的深浅，也就是我们平时所说的"黑一点"或"白一点"的粉底色号。色阶如何选择呢？颜色要和我们的自然面部肤色基本吻合，越接近越好。大家不需要担心选择色号深的粉底，肤色会变得不好看。底妆的底层逻辑，就是要让粉底来服务我们的脸，而不是为了追求白，去迎合一瓶不适合的粉底。当色号贴合你本身的肤色，才能最大限度地均匀肤色，使妆容自然服帖，底妆质感变得更好，使你拥有宛若天生的好皮肤！这才是一瓶粉底应该完成的工作。

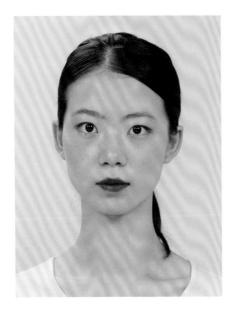

化妆的哲学
改变人生的美妆秘籍

我们可以参考这两张图，左边是模特自己画的日常妆，能看得出，无论是眉形、唇妆用色，还是底妆都显得有些刻意。这个妆容不适合她，甚至让她看起来老气。右边是我为她画的淡妆，眉眼都没有过多的修饰步骤和用色，把重点放在了营造好皮肤的感觉上，这就是肤色均匀的底妆了，看上去轻透、自然、充满活力和年轻感。

眼妆只需要做到一件事——增强氛围感

　　在我们化妆的每一个步骤之前，都要先想明白，我为什么要这样画？这一步的目的是什么？我希望达成的妆效是什么？这就是我经常说的"化妆没别的，冷静就对了"。听上去像是开玩笑，但化妆的基本原则确实如此，了解方法和原理，多思考，不盲目。

你有没有想过，你眼妆的困惑是什么，画眼影的逻辑又是什么呢？很多女孩画眼妆，容易陷入几个陷阱：

① 带着"希望让别人看到我画了眼妆"这样的前提化妆，所以往往会下手太重，妆面显脏、刻板、不自然；

② 内双眼型希望把眼睛放大，于是疯狂画粗眼线，以至于原本的内双都被眼线盖住了，反而显得眼睛无神；

③ 买了一盘新眼影，但却不了解配色原理，"为了用而用"，把整盘的所有色彩都涂在眼睛上，反而无法达到修饰眼睛的效果。

其实画眼妆，只需要做好一件事——营造出氛围感！这样就可以立即让眼睛充满神采、增强轮廓。我们在脸上使用色彩的时候，要遵循一个原理，即比你的肤色深的颜色会有收缩（凹下去）的效果，比你的肤色浅的颜色会有膨胀（凸起来）的效果，明白了这个原理，你就基本不会选错眼影颜色了。

深色 / 亚光 = 收缩

浅色 / 珠光 = 膨胀

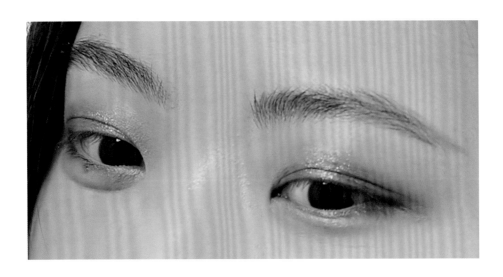

化妆的哲学
改变人生的美妆秘籍

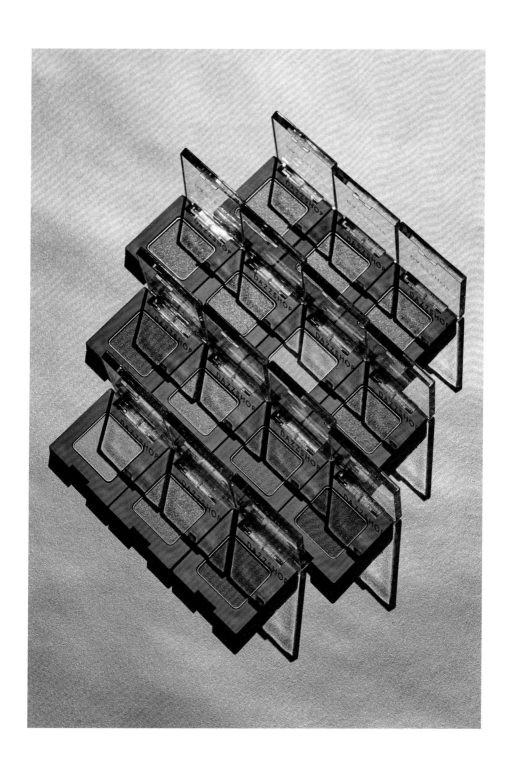

带一点点暖调浅棕、藕荷棕色、粉棕色的眼影，都很适合用来画氛围感的眼妆，用简单的步骤、简单的晕染方式，1～2个颜色就能作出氛围感。画上眼皮时要将颜色从眼线部位开始向上晕染，然后睁开眼睛平视镜子，眼睛睁开的上缘线上方的位置，就是你要画到的位置。接着下眼皮也要轻轻画上颜色，眼头和眼尾要连接起来，感觉眼睛是被眼影柔和地包裹起来的，这时眼睛就会有放大和深邃效果了！

好好地去选择一两个适合自己的眼影色，多多练习晕染手法，你会发现，一旦掌握了氛围感眼妆的方法，每天化妆几乎都能用到。这等于为其他眼妆做了一个很好的基础，后续再叠加或作变化，就轻而易举了。

选对唇色，就能瞬间提升气质

如果将我们的脸大致分为上下两个部分，那么唇妆在脸的下半部，就是唯一的色彩和视觉焦点。它最大的作用就是能够瞬间提升气质。选对颜色能让我们的肤色被提亮，使之看上去有年轻感，也能定义我们的妆感。

你有没有过这样的经历，别人擦着特别美的口红颜色，自己用却看上去很普通？跟着潮流买的热门唇膏色，擦上去反而显黄显黑？因为有很多人不知道如何给自己选择适合的、

提升气色的唇膏颜色，大家往往忽略了唇色对于自己整体妆容的影响。那么接下来就来学习唇膏选色的规律。

选择唇色和选粉底类似，主要从两个方向入手。

第一，先看自己的皮肤色调。如果你是冷色调，意味着皮肤底色偏粉、红或者蓝。暖色调意味着皮肤底色偏杏色、金或者黄。而中性色则说明你的皮肤底色是中和的色调。唇色的色调应该和我们肤色的色调一致，妆容才会看上去更协调，肤色也会有提亮效果。这三种肤色的人群适合的口红颜色大概可以归为以下几个色段。

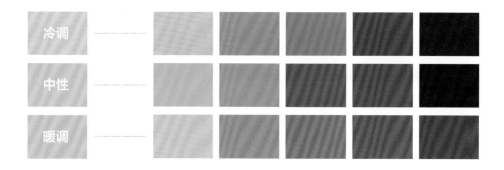

第二，要看自己肤色的色阶，也就是判断自己属于白皙肤色、一般肤色，还是较健康的深肤色。我们的唇色和肤色的比例是有规律的，也就是唇色通常要比肤色更深一些才好看，避免与肤色太过接近，否则看起来会像生病一样毫无气色。例如，代表暖红色系的色阶可以参考下面这张图。

综合色调与色阶的对比，可以看出暖黄和偏深肤色的人，口红应尽量选择颜色深一些的，如带橘色调的红，应避免蓝紫色调。而偏蓝紫色调的冷色系唇膏

会使粉白皮看起来更漂亮，但应避开裸色系或大地色系，否则会显得很病态。比较百搭的中性皮，只要避免过于明显的暖橘色和明显偏冷的粉紫色就好。如果是更深一点的肤色，根据色卡的下半段去选择颜色更深的唇膏更为适合，例如带有一点棕调的红色、莓果色调的深玫瑰色。

如果你是具有代表性的暖黄皮，不算特别白皙，也不算黑，一定要记得尽量挑偏橘色系的安全色系，如橘色、珊瑚色、西柚色、水红色、豆沙色……这些颜色的共同点是偏暖，非常适合东方女性使用，可衬托气色、提升气质，妆容和谐又显白，是生活中常备的颜色。

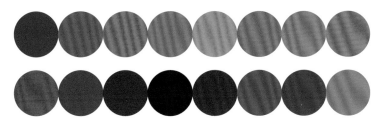

暖调可选的唇色参照

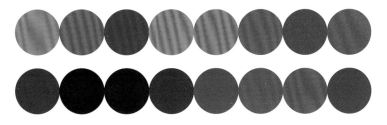

冷调可选的唇色参照

告别无效化妆

扫一扫二维码，观看
蕊姐美妆学院课程视频

化妆的哲学
改变人生的美妆秘籍

自然裸妆感的关键 秘籍3
是膏状彩妆

我们的彩妆大体可以分为两大类别："湿的"和"干的"。

湿的产品包括：妆前乳、粉底液／粉底霜、遮瑕、膏状眼影、腮红膏、唇膏／唇蜜、提亮膏、修容膏、睫毛膏、染眉膏、眼线液等。干的产品包括：蜜粉、粉饼、眼影粉、眉粉、粉状腮红、高光粉、修容粉等。

尤其是呈现在我们皮肤上的较大面积的色块彩妆，湿的产品比干的产品显色度与服帖度都更好。膏状产品里都带有水分或者油分，这些有湿润感的成分能够更好地融入我们的皮肤纹理，与皮肤更为贴合，产生与其融为一体的感觉。这也就是为什么当我们用粉底液、粉底霜时，能真正画出"天生好皮肤"的感觉，而粉饼是很难做到的。

最值得推荐的两个膏状彩妆，就是远远被大家低估了的眼影膏和腮红膏，这些都是我常年在工作中打造极致自然裸妆的关键产品！

眼影膏的选色，最常用的就是带有橘棕色或者珊瑚粉色调的自然眼影膏，眼睛有浮肿问题或者眼睛较小的人，更适合选择珠光感较少的、暖棕色调的大地色系，能塑造出自然轮廓，会让眼皮有一种收缩感。单用这一个颜色，眼睛的立体感就会增强。

眼影膏的用法

① 用指腹：这是几乎不需要化妆技巧，新手都能轻易上手的方式。如果你用的是眼影笔，可以直接沿着眼线画一条较粗的线条，可上下眼影都画，然后很快地用指腹横向晕染，这时眼影笔的线条感就会消失，色彩也会更加自然柔和。为什么强调要很快地晕开呢？因为眼影膏都有一个特性，就是速干，如果没有在短时间内立即晕染，眼影就会干掉，很难再晕开了。这也正说明了，眼影膏的持久力是非常优秀的，一旦晕染好，很快就会定妆，几乎一整天都不会脱妆！

② 用眼影刷：如果你平时习惯用眼影刷，可以先用眼影刷蘸取眼影膏，横向以圆弧形式从眼线开始逐渐向上晕染眼影，少量多次叠加。记得，眼影一定要晕染均匀，边缘位置要逐渐淡化，避免明显的边界感，这样才能和皮肤完美融合。

③ 干湿叠加：眼影膏可以单色使用也可以叠加。单色使用非常适合日常裸妆，眼睛被优化了轮廓，同时也非常自然，还省时省力。叠加使用也很推荐，这个是我在工作中给模特和客户经常用的画法。先用膏状的眼影做打底，等干掉之后再叠加粉状眼影。这样使用有两个好处，第一是眼妆会非常显色、色彩饱和，由于有了眼影膏的打底，眼影粉的颜色会显得更加浓郁有层次；第二是先"湿"后"干"的画法，类似于画完粉底液再用蜜粉定妆，会增加妆容持久度，干湿两种质地，会牢牢地"扒"在一起，不易脱妆。

腮红膏的用法

如果你希望打造裸妆一般的自然透亮妆感，宛若天生的好肤质、好气色，有一个秘诀就是尽可能地减少脸部粉状产品的使用，多用膏状产品，也就是前面说的"湿的"产品。面部彩妆除了大面积的粉底以外，腮红就是最抢眼的部分了。

腮红膏是生活裸妆最实用的产品之一，市面上不止有腮红膏，还有不少品牌推出了"唇颊两用膏"，一个颜色既可以当腮红还能当唇膏，方便简洁而且还能保持妆容色彩的协调性，整个妆看上去柔和自然，配色舒服。在腮红膏的选色方面，建议选择珊瑚橘、淡玫瑰色、奶茶色、裸肤色等这些和我们自身肤色较能融合的色彩。用指腹蘸取产品，先在手背将产品大致匀开，点在苹果肌位置，再用手向颧骨的方向晕染，尽可能均匀，不要留下明显的线条或色块。除了用手，还可以用中型大小的刷子或海绵，具体看自己的使用习惯。

记得，使用腮红膏的顺序，是在粉底和遮瑕之后、蜜粉定妆之前。产品的使用顺序是由湿到干，最后一层的蜜粉定妆，会帮助腮红膏更加持久，也会使皮肤白里透红，自然可爱。

腮红膏的用法

扫一扫二维码，观看
蕊姐美妆学院课程视频

保持妆容一整天明亮 干净的方法 秘籍4

明明早上出门画了个精致漂亮的妆容，但还没到中午，底妆就斑驳了，毛孔、黑眼圈全都浮现出来，眼妆也晕到了下眼睑，唇色、腮红都不见了。相信很多人都会有这样的脱妆困扰吧。

很多学生问我，如何能保持一整天的完美妆容呢？大家需要先了解一件事，脱妆是正常的。天气太热、皮肤分泌油脂、打底没做好、皮肤过于干燥，这些都可能是造成你脱妆的原因。网络上大家看到的所谓"12小时不脱妆"的底妆产品都是广告，有夸大成分。以我的经验，在生活中，在不补妆的情况下，妆容的完整度能够维持3小时以上，就已经非常优秀了！要知道，化妆并不是"半永久"的呀！脱妆，是每个人日常都会面临的问题，重要的是我们要学会延缓脱妆时间和补妆的方法。

如何延缓脱妆？

延缓脱妆与你早晨在脸上用了什么相关，也就是与妆前打底有关。

很多人会认为，只有妆前乳才算打底，并不是！你在化妆之前使用的所有产品，其实都是在打底。英文中这个步骤叫作"prep your skin"，也就是让你的皮肤准备好上妆，这非常贴切。如果你是混油肤质，本身皮肤出油量就比较大，但早晨还是用了比较滋润的精华和乳霜，那么无疑是会加速皮肤出油的，也就是会更快脱妆。相反，如果你是干性肤质，早晨没有做充足的保湿步骤，妆容也是很难服帖的。

我们要记得一个原则：根据你的肤况来选择产品和保养方式。

如果你是混合性和油性皮肤，早晨尽可能选择清爽和控油的保养品，也要尽量减少保养步骤，因为层层叠叠涂上去的产品，都可能会成为妆容的负担。比如，在夏天，油皮是不会缺乏滋润度的，可以考虑只用一层精华，接下来就是防晒产品。妆前乳可以使用控油和平滑毛孔的硅基产品，粉底也相应选择偏亚光妆感的。另外，在夏天，我们的皮肤出油量会更大，毛孔也更加明显。针对这样的肤况，可在早晨用毛巾包着冰块轻敷皮肤，尤其是 T 区出油量较大的区域。这样可以帮助皮肤降温，延缓出油的时间，还可通过热胀冷缩原理，使毛孔变得更紧致。

如果你是非常干燥的沙漠皮，皮肤表层缺水或不平整，妆容是很难服帖的。在早晨的保养过程中，一定要使用精华油，可以当作精华本身使用，也可以滴两滴在面霜里混合使用，甚至还可以少量地和粉底液混合在一起使用，这样既增加了滋润度，也不影响粉底的遮瑕力。干皮，一定要和"油"做好朋友，这是你的皮肤最缺失的东西。

学会补妆

学补妆就和学化妆一样，是特别重要的技能！如果是出门上学上班或者逛街约会，应随身携带一个小小的补妆包，并掌握一些快速简便的补妆方法，一天内分两次来检查自己的妆容，再做个 5 ~ 10 分钟的补妆，妆容就能保持一天的干净精致了！

补妆工具：

美妆蛋或海绵、干净的棉签、明彩笔、眉笔、眼影笔、唇颊两用膏、蜜粉或粉饼、吸油面纸（油皮需要）、一小罐分装的乳霜（干皮需要）。

化妆的哲学
改变人生的美妆秘籍

补妆步骤：

① **擦掉已变脏的底妆。** 通常脱妆的底妆，都和局部出油有关，油会包裹住粉体，让底妆移位和暗沉。油皮先不要急着用吸油纸，趁着皮肤上有油，先用干净的美妆蛋或海绵直接擦掉已经脱妆的底妆，位置通常为额头、鼻子周围、下巴这几个区域。这个原理是"油溶妆"，就像是用卸妆油产品卸除彩妆一样。然后用小棉签擦拭眼下脱妆的位置，通常会有一部分眼线和睫毛膏蹭到下眼睑，显得眼妆脏。同样的原理，因为眼周也会分泌油脂，这时用棉签更容易擦掉。中性皮和干性皮肤，可以用棉签蘸一点携带的乳霜，少量抹在脱妆的部位，然后再用海绵和棉签清洁干净。因为乳霜通常也是带有油分的，我们是在利用这个油分来卸除脏掉的彩妆。

② 用吸油面纸吸附多余油分。油性皮肤一定要随身携带吸油纸，能在几秒钟内就让皮肤恢复亚光感。注意，除了 T 区，眉毛、上眼皮、发际线这几个细节位置也是容易出油和脱妆的，记得也要照顾到哦！

③ 明彩笔拯救底妆。明彩笔实在是一个拯救所有女孩的发明！它轻便容易携带，只要选对颜色，能瞬间让底妆再次明亮起来。补妆的时候，只需要在脸部的中心区域——眼下三角区、额头中央、鼻梁、法令纹、下巴中央涂抹，再用美妆蛋快速轻拍均匀，就完成了，几乎不需要什么技巧。

④ 唇颊两用膏提升气色。唇颊两用膏也是一个一物多用的好产品，可以选择棒状产品，补妆时直接涂抹更加方便，不需要用手指蘸取。带有豆沙感的棕红或者珊瑚红色，都适合作为唇彩和腮红，日常使用会特别自然。补妆时将两用膏涂在笑肌部位，再用海绵轻拍均匀，然后再顺便补补唇部，方便又快速！

⑤ 30秒补好眼影。如果眼影脱妆严重的话，这时眼影笔就派上用场啦！可以选择带有红棕色或者紫棕色的大地色系眼影笔，涂抹在接近睫毛线的位置，再快速用指腹左右轻推，颜色渐层就出现了，眼妆也能够立刻恢复干净自然的层次感。眼影笔的持妆度非常好，适合眼周容易脱妆的人使用。

⑥ 补画眉毛。这个步骤不一定每个人都需要，自身眉毛浓密的人，只要学

好修眉、整理眉形，即使是忘记画眉毛也不影响整体妆容。但"无眉星人"就要记得，一定要随身携带眉笔了！经过以上的补妆步骤，眉毛周围的底妆已经处理干净，这时用眉笔轻轻描绘一下眉毛脱妆和缺失的位置，不需要将整条眉毛重画一遍，缺哪里补哪里就好。

⑦ **定妆**。最后一个步骤就是用蜜粉饼或者粉饼再来做一次定妆。用海绵蘸取产品按压在脸部中央的眼下、T区，和明彩笔的使用位置几乎一样。蜜粉饼和粉饼的区别就是，前者几乎是透明无色，后者是像粉底液一样有颜色和遮瑕力的，根据自己的肤况需求选择。干皮的人可以减少用量，甚至可以忽略这个步骤。

这样，完整的补妆步骤就完成啦！相信我，以上七个步骤，只要足够熟练，并将工具带全，去个洗手间的功夫，五分钟就可以补好了。使你的妆容一整天都像早晨刚刚出门时一样干净和精致，其实很简单！

如何补妆？

扫一扫二维码，观看
蕊姐美妆学院课程视频

掌握"三庭五眼"规律， 秘籍5
学会修容，立变精致小脸

大家常说，只要女生五官轮廓好，就怎么看都好看，有一种协调感。我们在化妆学习中也经常听到"骨相"这个词，说的就是一个人脸部的轮廓比例。那么大家心目中"理想的脸"是什么样呢？

自古以来，和谐，一直是我们东方文化和审美的核心，而"三庭五眼"作为五官最协调的比例的系统性总结，自然成为最广为人知的审美标准。几位我们心目中称得上是"真正的美人"的女星，例如章子怡、刘亦菲、李嘉欣，就是非常标准的"三庭五眼"的比例。"三庭五眼"作为一种审美标准，无论是化妆、医学美容，还是画家创作人物都会参照。

什么是"三庭五眼"？

"三庭五眼"指的是人的脸长与脸宽的黄金比例。具体的划分位置如下：

① 三庭：指的是脸部的长度。

把脸的长度分为三个等分，前额发际线至眉心，眉心至鼻翼下缘，鼻翼下缘至下巴尖，各占脸长的1/3。

② 五眼：指的是脸的宽度。

以眼的长度为单位，把脸的宽度分成五个等分，即从左侧发际线至右侧发际线，为五只眼睛的宽度。

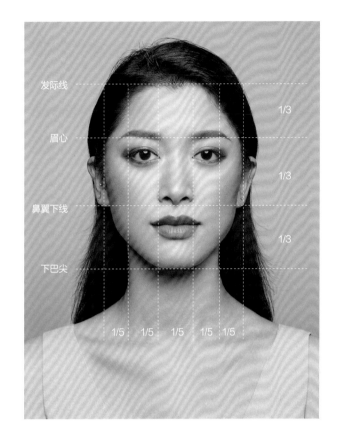

知道了什么是"三庭五眼"，我们就可以先观察一下自己（参照上图），正面面对镜子，看一下自己的面部比例，是否符合"三庭五眼"的理想比例。但大家需要先了解，符合这个黄金比例的人，是非常非常少的，也就是说不符合"完美比例"的人是绝大多数的，这是特别正常的现象。

千万不要掉入容貌焦虑的陷阱，觉得自己的轮廓不完美、不好看。这个比例，单单只是给我们提供一个标准、一个指引而已，为的是帮助我们更加了解自己的脸，知道化妆时从哪里入手，该如何调整和修饰，这样化妆才能更加有效。要时刻记得我们化妆的目的，不是变成谁，而是要成为升级版的自己。

我们东方人的轮廓有两个特点，平而宽。"平"说的是我们的面部缺乏立体感，五官比较寡淡，由于面部平，所以又显得宽。大家所追求的小脸，其实并不是把脸"去掉"一圈，而是要想办法增加立体度。从素描的角度想象一下，在平面上画一个圆圈和一个立体的球体，正视图面积一样大的前提下，哪个看起来更小呢？

一定是球体看起来更小，因为它看上去是立体的，形成立体视觉的关键，就是要有"光"和"影"。只要塑造出明暗，我们面部也一样可以出现立体感，视觉上脸就会变得更加小巧，当然，也能帮助你更好地修饰比例，更接近"三庭五眼"。这个在化妆里，就叫作"修容"。

修容，不是很多人理解的，简单地把深色画在脸上就好了，或者为了增强小脸效果，用过于夸张的手法去做修容，这样很容易看起来妆感脏和不自然。我们期待的效果是，画出脸上宛若天生、看似自然阴影一般的效果。同时也要注意，当光线落在我们脸上时，形成的阴影一般都是呈现灰色的，所以，我们在修容产品的选色上，也要尽量选择带有灰调的自然棕色，这样的效果是最好的。

用修容和提亮调整"三庭五眼"

修容和提亮的原理是相通的：

阴影色 / 深色 / 亚光 = 收缩效果 = 修容。

高光色 / 浅色 / 光泽 = 膨胀效果 = 提亮。

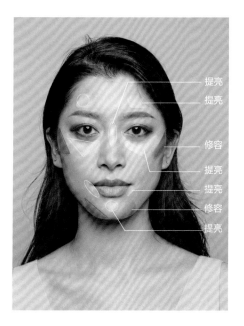
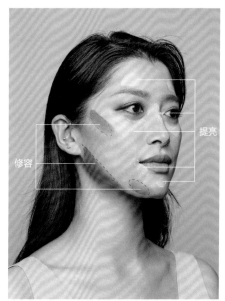

修容的位置

　　以上图模特的脸型和五官为例来分析，我们东方人普遍的面部特征，就是颧骨比较宽，脸宽而平，这个位置就可以用修容去修饰，让最宽的点向内收。下颌缘如果棱角突出，或者有点"婴儿肥"，也可以在脸的两侧使用修容（位置如图），形成向内的收缩感，晕染过后看起来像是自然的阴影，也就有了小脸效果。模特的下巴属于底部较平，有明显棱角的，这样的面部棱角其实很有个性，有一种硬朗的美感，但同时也会显得比较凶，缺乏亲和力。我们在下巴两侧棱角的位置，用修容轻轻修饰，会让整个人的面部线条变得更加顺畅，增添了一点柔和感，脸部也更加紧致和饱满了。

提亮的位置

提亮的位置，就是我们希望脸部更突出、更饱满的位置。图中浅色标示出来的几个区域即为提亮的位置。首先是眼下三角区提亮，可修饰凹陷的泪沟，使苹果肌位置上移。模特的鼻型本身就直而挺拔，不需要太多修饰，在鼻根位置少量提亮即可，下巴中央做小小的椭圆形提亮，增加小巧的饱满感。再观察一下模特的"三庭五眼"比例，比较明显的是相对于中庭和下庭，她的额头显得有些窄，因此在两边眉骨上方，也可以做一些提亮，视觉上让额头更加圆润，这样颧骨在对比之下也会被弱化。再看看下面模特的妆容前后对比，脸型和五官比例都有了很大的变化，是不是看起来明明是同一个人，却已经变成升级版了？

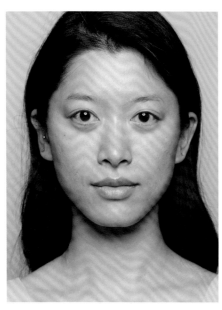 

化妆的哲学
改变人生的美妆秘籍

调整"三庭五眼"的具体方法

① 上庭偏短的圆脸女生，在额头部分做提亮时，可以尽量把提亮位置上移到接近发际线的位置，同时再做出发型的蓬松度，在总体视觉上给人一种拉长脸部的感觉。上庭偏长的女生，则调整方法相反，额头部分避免使用高光，可以用修容产品轻轻修饰发际线，有缩短额头的效果，也可以利用刘海来修饰。

② 中庭偏短的人，可以在化妆时将重点放在鼻影，增加竖向的阴影，让中庭显得更长一点。中庭偏长的女生，视觉上脸型也偏长，可以横向刷腮红，也可以在扫腮红的时候，轻轻在鼻梁中央刷两下，同时加宽下眼影，睫毛膏刷下睫毛，作用是把眼睛的位置轻轻下拉，中庭就会看上去缩短了。

③ 下庭偏短的女生，可以通过高光提亮来拉长下巴和人中的位置。下庭偏长的女生，则在下巴的最下缘加一些阴影，使脸部看起来没有那么长。

④ 在化妆中，两眼之间应保持一个眼睛的距离，不可过于靠近或过于疏远。如果两眼离得比较远，用棕色眼影轻轻描绘眼头，会有将眼睛拉近的效果，也可以在眉头下方打一点阴影，让五官变得更紧凑一些。而如果两眼隔得较近，画法则完全相反，在眼头部分用浅色珠光眼影打亮，并着重拉长外眼角的眼线，眼影晕染的位置着重在外眼角范围，将两眼向两侧拉。

化妆中的"皮相"
和"骨相"解析

扫一扫二维码，观看
蕊姐美妆学院课程视频

优雅女神，乘风破浪的 秘籍6
姐姐这样画眼妆

我们化妆和打扮，其实还有一个最大的目的，就是让自己看起来有年轻感。当然，我说的年轻，不是让一个 40 岁的女性，硬去靠近 18 岁少女的打扮，用与年纪不相符的色彩和化妆方式不是我所提倡的。不恰当的装扮，反而会凸显由于不接受自己的年纪而带来的不自信。这并不是我们追求的状态。

当女性逐渐独立成熟，其自我认知的提升和对世界的了解，使其内心日渐从容。生活的积累和岁月的历练，让她的气质和言谈都充满魅力、勇敢笃定。化妆，正是帮助我们呈现最好状态的方式，在我们接纳自己的前提下，塑造出此刻最好的自己。眼妆，作为整个妆容的重点之一，会很大程度地体现一个人的气场。但说到"气场"，千万不要简单理解为"大烟熏妆""两层假睫毛"的浓妆感，我心目中的优雅知性、乘风破浪的姐姐应该这样画眼妆（见下图）。

随着我们年纪的增长，皮肤和面部肌肉都会出现松弛，我们会发现眼部的走向也在逐渐向下，甚至有些人会出现眼皮压住眼尾、双眼皮消失的状况。这种情况，除了微整手段，其实我们还可以利用化妆的方式轻松改善。观察一下图中模特的眼形，她属于典型的杏仁眼，眼尾弧度有较明显的向下趋势，眼尾

低于眼头，显得眼尾略下垂。这样的眼形的眼妆目标，就是要把眼尾向上提拉，让眼形看上去平且向两侧延伸，年轻紧致感就出现了。

抗老眼妆的
三大关键位置

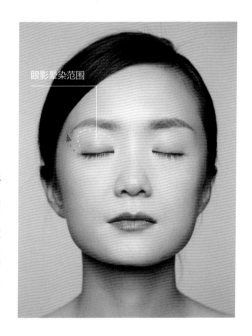

眼影晕染范围

（1）眼影晕染范围

见右图，白色线条代表整个眼影的晕染范围，能明显看出靠近眼尾的部分晕染范围更大也更高一些，靠近眼头的范围更小更低，这是为了将眼尾向上提拉，让它在视觉效果上平于或高于眼头。

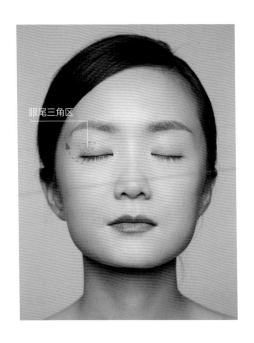

眼尾三角区

（2）眼尾三角区

在眼尾上方有一个红线标示出来的三角形，这个三角形叫作"眼尾三角区"，是我们东方人在画眼妆时的重点，这里通常会用眼影配色中的最深色来画（例如最常见的深棕色、红棕色）。在眼影色彩的原理中，深色通常都有强调的作用，可以继续将眼尾向上拉升，而且用深色会进一步减少浮肿感，也就是改善眼皮下压的效果。这张图标示的位置与范围，就是"抗老妆容"的要点了。

（3）眼部最高点

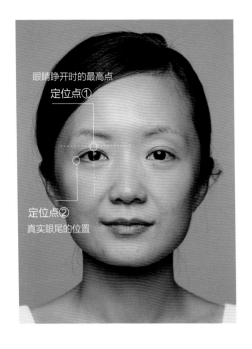

眼睛睁开时的最高点
定位点①

定位点②
真实眼尾的位置

如图，当我们眼睛睁开平视正前方时，以上眼睑的弧度最高点为基准拉一条横线，会与我们的瞳孔中心线交汇于一点，这里就是"眼部最高点"（定位点①）。而上眼睑的褶皱最低点（定位点②）就是我们视觉上眼尾的位置。我们要做的，就是要尽可能地让定位点②去接近最高点所在的那条横线。

化妆的哲学
改变人生的美妆秘籍

抗老眼妆这样画——眼线定位法

为了达到更显著的效果，我强烈建议大家尝试眼线定位法。用深棕色的眼线笔，画出一条前端细、末端粗的眼线，这个眼线只画在眼睛的后半段，前半段不需要画，然后描绘内眼线，填满睫毛根部。

眼线的前端细，可从视觉效果上将前半段压低；末端粗，为的是将后段眼睛拉高，这是用眼线粗细就能够达到的效果。

注意，眼线的尾端，只超过眼尾一点点，不要拉长太多，否则眼尾又会掉下来。新手如果把握不好眼线如何收尾，可以想象鼻翼与眼尾有一条连线，眼线尾部的收尖就落在这条线上。这条眼线就会成为整个眼妆中的一个定位，为后续的眼影晕染定下眼尾位置的基准点。

右图的左侧眼睛已画好眼线，可以看出和右侧的眼睛已经明显一高一低了。白色标示的是本身眼尾的位置，红色标示的是眼线的最末端的高度，也就是视觉上眼尾的位置，已经拉高了一大截。画完这条眼线可明显看出，右侧眼尾的走向是向下的，左侧眼尾走向是往上的。

化妆中有一个规律"所画即所得"，意思是说，当你用深色描绘

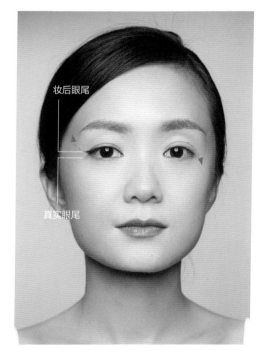

妆后眼尾

真实眼尾

一个位置，视线就会被吸引到那个位置，简单来说就是你将眼尾画在哪里，视觉效果上眼尾就在哪里（前提是使用正确的、恰当的方法）。

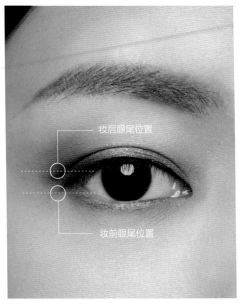

妆后眼尾位置

妆前眼尾位置

有了前一步的眼线定位，就能很容易找到画眼影时的深色部位了。

画眼影的步骤具体为：

① 先用眼影轮廓色做大面积晕染。这个步骤尽可能使用亚光或轻微光泽的颜色，色调的选择应遵循肤色色调，例如模特的皮肤是典型的暖黄皮，轮廓色可以选择偏淡橘的棕色系。

② 接下来将巧克力棕色按压在眼尾三角区的位置，这个位置刚好在前一步的眼线尾端的上方，然后从眼尾向眼睛中部区域晕染，使渐层看起来均匀自然。这个深棕色会覆盖到前一步画的眼线，但无需担心，前一个步骤的作用主要是定位和填满内眼线，让眼睛更有深邃感。

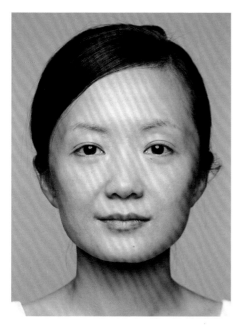

③ 最后，用黑色眼线液笔沿着第一步的眼线定位再描绘一遍眼线，同样是强调眼尾，不画眼头。最后刷上自然纤长的睫毛膏，这个抗老眼妆就完成啦！

再次来对比看看妆前妆后眼形的变化，是不是特别惊人？这就是我常说的，没有"换头"，却似"换头"的效果。不只是三四十岁的姐姐们，只要是有眼尾下垂困扰的人，全都可以用这个方法。神采奕奕、紧致年轻感的眼妆就是这样画！

**乘风破浪的姐姐
这样化妆**

扫一扫二维码，观看
蕊姐美妆学院课程视频

冷暖对比色原理, 秘籍7 帮你解决最棘手的遮瑕问题

前面章节讲解底妆部分时就强调, 化妆的第一要点, 就是要肤色均匀!

遮瑕, 是底妆中帮助隐藏瑕疵, 让肤色看起来均匀干净的重要步骤。你们有没有发现, 有些瑕疵和肤色不匀, 是无论用什么遮瑕产品都遮不掉的, 越叠加越厚重, 不仅达不到理想的效果, 还有可能看起来脏脏的。主要原因是缺少了中和色差的步骤。色差, 就是和我们原本肤色相差甚远、不属于自然肤色的颜色。例如起痘痘时的泛红, 偏蓝紫色的黑眼圈, 严重的 "面有菜色" 等。这时, 你需要一个让底妆提升质感、使肤色更完美的产品, 也就是 "饰底乳"。

大家在市面上通常会看到五颜六色的妆前产品, 它们就是饰底乳, 它们正是利用色彩互补的原理来中和色差、矫正肤色的, 在粉底或者遮瑕之前使用。什么是互补色呢? 在色彩学的原理中, 互补色也叫作对比色, 两个颜色刚好位于色轮的180度正对面, 当两色叠加组合时, 能相互抵消掉对方

的颜色，呈现出灰阶的色彩。我们正是运用这个原理，去减少面部的色差。让我们来看看不同颜色的饰底乳是如何中和色差的吧！

橘色饰底乳

橘色与蓝色、青色为互补色，我们常常使用这个颜色来修饰"面有菜色"的暗沉问题，最明显的就是黑眼圈了。绝大多数东方人的黑眼圈都是偏青色的，在用正常肤色的遮瑕之前，可以先用橘色的饰底乳（或遮瑕膏），涂抹在有色差的位置，记得只需要涂抹色差位置，其他区域不需要。如图，模特泪沟位置是色差最深的，接下来是下眼尾，如果你有唇周暗沉，也可以用橘色来矫正。

在使用饰底乳时，要注意不能用涂抹的方式上妆，要用轻拍按压的手法把颜色用在色差位置上，用指腹或者美妆蛋都可以。经过了第一个步骤——中和色差

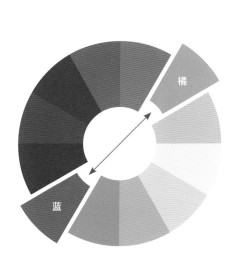

之后，第二步就可以使用正常肤色的遮瑕了。黑眼圈也可以用明彩笔，或者比肤色亮一个色阶的遮瑕遮盖。这时你会发现，黑眼圈很轻易地就消失啦！眼下也会变得明亮起来。

橘色饰底乳的使用顺序：
粉底—橘色饰底乳—正常肤色遮瑕 / 明彩笔—蜜粉定妆。

绿色饰底乳

绿色与红色为互补色，当脸上出现红色瑕疵的时候，例如出现红肿的痘痘、脸部敏感泛红、血管明显，都可以用绿色饰底乳来中和色差。如图，模特的泛红部位集中在两颊中央、鼻翼周围、眉心、眉毛上方，在这几个部位使用绿色饰底乳，用按压的方式进行遮盖，红色就会不明显了，之后再使用粉底液就好。

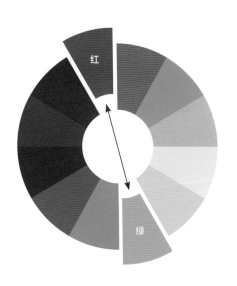

严重痘痘肌，脸部有成片的大面积痘痘或痘印时，绿色饰底乳就要加大用量和扩大使用面积。如果泛红很严重，需要在遮瑕膏之前再使用一次绿色饰底乳。

绿色饰底乳的使用顺序：
绿色饰底乳—粉底—遮瑕—蜜粉定妆。
严重泛红者的使用顺序：
绿色饰底乳—粉底—绿色饰底乳—遮瑕—蜜粉定妆。

紫色饰底乳

紫色和黄色为互补色。我们是黄种人，皮肤的颜色组成里，黄色占比大，所以紫色也是非常适合东方女性使用的颜色。我们常常看到的皮肤蜡黄、没气色、"熬夜脸"，就是因为黄色呈现得过多，此时就该用紫色饰底乳来修饰。

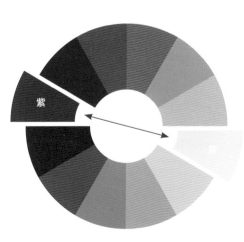

市面上有不少以紫色为主的同类别饰色产品，有防晒、妆前、乳液、素颜霜等，功能其实都是一样的，主要是修饰暗黄。但我也看过有很多女孩为了追求白皙，把紫色饰底乳涂满全脸，整张脸看上去像戴了面具一样，比自身肤色白三个色号，非常不自然，这是使用方法错了。我们讲到的这几种饰底乳产品，主要的功能就是修饰色差，色差几乎不可能均匀地发生在整脸，所以饰底乳也就不能全脸都擦一遍了！

紫色饰底乳的使用区域为眼下三角区、额头中央、鼻梁、下巴中央，这几个地方是我们脸部的"高光区域"，也就是应该被强调出来的区域，这与绿色和橘色饰底乳不同。在高光区域使用紫色饰底乳，暗黄减少，不仅肤色看上去更加透亮干净、自然白皙，五官也变得更立体了，可以说是一举两得！

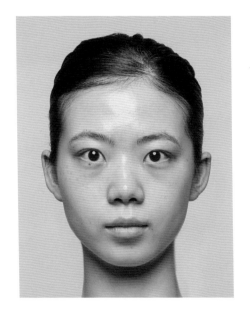 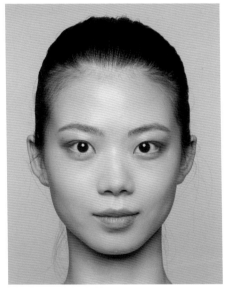

暗沉黄皮如何画底妆

扫一扫二维码，观看蕊姐美妆学院课程视频

立体毛流， 秘籍8
是打造眉毛高级感的关键

我们常常听到"野生眉""原生眉""高级眉"这样的叫法，为什么大家会追求这样的妆感呢？因为大多数人都认为，自然的、像是与生俱来的、天生的眉形，才是美的。那么画出自然眉形的关键是什么呢？就是毛流感，也就是我们原本的眉毛生长的样子，能看得到一根根的毛发，有很自然的稀疏和浓密的部分，有不同的生长方向，也有空隙感。

画眉毛切忌从头到尾都涂满，像是贴上去的"一片"，这样的妆效会很"假"。画毛流，确实考验技术，但只要你按照步骤多加练习，控笔就会越来越自如，也就能画出好看的线条了。画出了毛流感，眉毛才能有空气感和立体感，这样的眉毛一定自然和谐，当然，还能够修饰我们的五官比例，为全脸妆容加分！

修出理想眉形

画眉之前，需先处理眉周的小杂毛，尤其是对于毛发比较浓和黑的人来说，这一步可以说是最重要的一步了。有时当你只是把杂毛修干净，都不需要画，五官就已变得干净精致了。

初学者，可以先用眉笔画出理想眉形的框线，然后把框线外的杂毛修掉即可。毛发粗硬的可用镊子拔，或者在专业的美容院用蜜蜡除毛，这样都会将眉毛修得更加彻底和干净。毛发较淡的人可以用刮眉刀修理，简单又快速。

如何找到标准眉形呢？有个非常简单的三点定位法：

眉头——位于鼻翼窝向上的延长线上；

眉峰——位于鼻翼到黑眼球外侧的延长线上；

眉尾——位于嘴角到外眼角的延长线上。

找到这三个点后，以自己原本的眉毛宽度为参考，延展画出一个完整的眉形。

眉头
眉峰
眉尾

眉毛的具体形态要根据五官比例、眼形、妆容特质来呈现。画眉应符合以下这几个规律：

① 眉峰的角度越高，显得脸越长，角度越柔缓，显得脸越短；

② 眉峰到眉尾的长度越长，越能修饰颧骨，越短，显得脸越宽和圆，同时会显得幼态；

③ 脸较小、五官较集中的人，适合稍细一点的眉毛，反之，适合更粗一点的眉毛；

解决画眉难题

扫一扫二维码，观看蕊姐美妆学院课程视频

④ 圆脸适合更有棱角的眉毛，方脸适合更柔和一点的眉毛。

步骤 2 眉笔画出毛流感

选择极细的或者扁平型的眉笔，笔芯要稍有一点硬度，画出的线条更自然。颜色要尽可能比我们本身的发色更淡，如果是自然黑发，可选灰棕色，如果是棕

色系发色，就要选更浅一点的自然棕或亚麻棕色眉笔。

先观察自己的眉毛哪个部分有缺失或者比较淡，就先从这个位置下手。原本毛流比较完整的部分就可以轻轻带过，甚至不用画。画毛流最重要的是要遵循自然毛流的走向，眉头部分的线条由下往上画，注意笔触要由重到轻。眉腰部分，上半部从上往下、下半部从下往上，到中间交汇。眉尾朝向斜下方，逐渐收细。

眉粉打造丰盈感

眉粉能够画出"毛茸茸"的感觉，创造出眉毛的"厚度"，使人充满年轻感。这个步骤主要针对天生眉毛很淡的人，能一步画出丰盈感。浓眉的人就不需要使用眉粉了。眉粉的色彩和眉笔的要求一样，也是一定要比自己的毛发颜色更淡。用刷子少量蘸取，从眉腰部分往眉尾画，再从眉毛中部向眉头去晕染。记住，整条眉毛不能浓淡一致，否则会非常僵硬死板。自然流畅的眉毛，要眉头最淡，到眉尾越来越浓。

步骤 4 眉胶梳理定型

透明眉胶，是"浓眉人"的好朋友！它也是我在美妆片拍摄工作中，绝对不能缺少的产品。从眉毛底部向上梳理，以眉毛自然毛流的走向去轻轻地刷，刷到毛发中段时可以稍稍停留一下，再刷向眉梢，这样的定型效果会更好。使用过眉胶，眉毛就可以长时间地维持漂亮的毛流，这样就会自然带有一种"野生"感了。这个原理就像是我们的头发要用定型喷雾，都是为了让毛发长时间定型。

年轻十岁，免整形消除 恼人"三八纹"

　　我们在化妆的时候，除了要注重肤色均匀以外，还有一个大家常常会忽略的地方：让面部饱满起来。这也是让我们看起来紧致年轻、提升面貌状态的一个重点。看看模特妆前妆后面部轮廓的变化，是不是看起来年轻 10 岁？

　　随着年纪增长，我们面部渐渐会出现一些沟壑和表情纹，除了老化和松弛因素，有些是遗传，也有些是表情习惯所造成的，这就是为什么有些女孩 12 岁就出现了明显的泪沟和法令纹。有时候因为消瘦，也容易出现轮廓凹陷。视觉上对于容貌影响最大的元凶，就是"三八纹"，指的是泪沟、法令纹、嘴角下方的木偶纹，刚好形成由上至下的三个"八字"。这六条轮廓上的凹陷，在

生活中自然光线的影响下，会出现较明显的阴影，让我们看起来面部肌肉松弛下垂，呈现老态或憔悴感。

传统的医美手段，会运用埋线来实现提拉效果，再用填充来实现平整效果。但这里我要分享的，是完全不需要动刀整形，就能改善"三八纹"的化妆方法，只要精准运用化妆技巧，就能做到如"徒手整骨"一样的功效。我们观察年轻女孩的面部轮廓，其最大的特点就是饱满，甚至还会有一点"婴儿肥"，线条顺畅，面部圆润。修饰的原理，就是在凹陷处提亮肤色，尽量接近凹陷处周围区域的肤色，减少阴影感，使这一区块看上去平整一些，这样就能达到改善的目的了。前提是，要认真地观察自己的面部轮廓和五官比例，精准地找到需要修饰的位置。

产品的选择很重要

首先我们要明确这个产品要为我们带来什么效果：提亮。我们这里追求的是面部轮廓的提亮，而不是皮肤质感上的提亮，所以最好选用偏亚光的提亮膏或者浅色的遮瑕膏，比肤色浅 2 ~ 3 个色阶就可以了，这样的产品是通过"浅色膨胀"的原理，作用在我们的骨相上，相比较一般的珠光感的提亮，效果更直接更显著。

另外，你也需要一把小一些的遮瑕刷，来做到精准提亮。请参照示意图，共有 6 个提亮区域。

"三八纹"的修饰

（1）泪沟

这个位置的凹陷很常见，与前面章节讲解的原理有些许不同。一般的橘色系遮瑕膏，运用色彩原理矫正色差，针对的是黑眼圈的青紫色暗沉。而泪沟问题通常是由轮廓凹陷引起，这时候就需要结合提亮膏来修饰，但这与黑眼圈的遮瑕并不冲突，可以先使用橘色系遮瑕，再使用面部提亮膏。泪沟在眼头下方，连接到眼眶的凹陷处，我们大部分情况只需对前半部最明显凹陷的区域进行提亮，画的范围太大反而会不自然。

（2）法令纹

法令纹大部分是由表情引起的，我们笑的时候嘴角上扬，苹果肌向上挤压，就造成了法令纹。修饰的原理也是一样，让纹路的颜色尽量接近周围的肤色，纹路看起来就会变淡。用较小的遮瑕刷蘸取提亮膏，精准涂抹在法令纹上。记得，只画纹路部位，千万不要画到周围！再用指腹或小刷子轻轻按压涂抹均匀，与本身肤色有个过渡和衔接，效果就会更加自然。

（3）木偶纹

木偶纹是两个嘴角延伸出来的纹路，也是一种表情纹。它是在正常的老化过程中由重力和遗传基因等几方面的因素综合形成的，木偶纹凹陷会让整个面部显得特别疲惫和老态，也会显得臃肿。我们在修饰的时候，首先找到想提亮和填补的位置。木偶纹要进行两处位置的修饰。第一个位置，就是我们前面提到的"三八纹"当中的最后一组"八"，这里用提亮膏画出细细的线条，与法令纹一样，要求位置精准。第二个位置，是沿着下唇的弧线，从嘴角外侧往上延伸，也画出一条短线，这个部分做到的是提拉唇部，修饰嘴边肉。两条线一横一竖，组合起来很像是英文大写字母"T"。大部分人在生活中对于木偶纹的修饰，只做了"竖"而忽略了"横"。

面部凹陷的修饰

（1）双C部位

双C部位也就是太阳穴，这个位置的提亮并不是每个人都需要，高颧骨、太阳穴凹陷、上庭偏窄的人更适合。天生遗传或者消瘦的人皮下脂肪少，皮下组织萎缩，脂肪变薄，都可能会显得太阳穴凹陷，让整个脸部轮廓缺乏流畅感。从眼下"黄金三角区"的外缘线开始，向眉骨方向画出C形，这就是要提亮的区域了。提亮后会在视觉上让这个区域膨胀变宽，面部线条就得到修饰了。

（2）颧骨下方

正面面对镜子观察自己，可以看看面部最宽的地方，一定是颧骨，在突出的颧骨的对比之下，颧骨下方的区块就会显得明显凹陷了，下颌骨较宽的脸型更明显。这个位置也用提亮膏进行提亮，然后用指腹轻拍均匀就会有自然填充的效果啦！

（3）鼻梁

这是较为常规的提亮区域了。东方女性普遍对于自己的鼻子多多少少不太满意，例如觉得鼻梁低、缺乏立体感、鼻型不够精致、鼻翼宽等。那么通过提亮鼻梁，就可以很轻易地让鼻梁变挺变直，也会让鼻子的轮廓变得小巧精致。但这个步骤也是因人而异的，如果本身鼻子就比较高或者中庭偏长的人，就不需要这个步骤了。

用遮瑕画出减龄妆容

扫一扫二维码，观看蕊姐美妆学院课程视频

会化妆，就是知道
什么时候放下刷子

秘籍 10

"一个好的化妆师，知道什么时候放下刷子"。

这句话是我的恩师雷·莫里斯告诉我的，对我的职业影响非常大。

这句话也是她的师父
理查德·萨拉（Richard
Sharah）在 30 年前告诉
她的，她的师父曾是 20
世纪 80 年代新浪漫摇滚
的时代偶像大卫·鲍伊
（David Bowie）的化妆师。
这也算是延续了几十年的
化妆审美传承了。

作为化妆师的难点是
什么？

不是你必须具备创意
和灵感，不是你必须能画
出完美的眼线，也不是你
必须用色大胆，更不是你

必须画过名人明星……而是，你知道什么时候放下刷子。我之所以不断与学生们和同行们分享这句话，就是因为这句话不仅仅能应用在化妆师的领域，在普通人的日常生活中，一样适用。

很多人画出的妆缺乏美感，可能正是因为想要的太多了。总是看得到毛孔和瑕疵，然后再持续叠加遮瑕，直到底妆充满面具感。或者眼睛还不够大，再继续叠加眼影和夸张的睫毛，浓重的妆感显出老气和风尘味。这都是因为不小心越过了那条刚刚好的"线"……

多，不难。刚刚好的"少"，才难。这正是我们中国人说的"中庸之道"，任何事最完美的状态，就是不多不少，恰好合适。

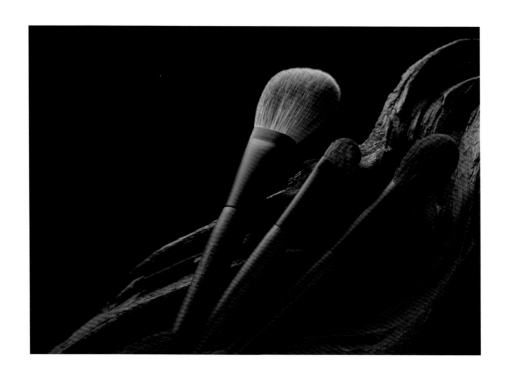

化妆的哲学
改变人生的美妆秘籍

那么如何做到恰好合适呢?

第一，要训练自己的审美。多看美好的东西，杂志也可以，画展也可以，甚至窗外的风景，一朵正在盛开的鲜花……培养自己对于美的感知力，学着去关注、观察、欣赏、沉浸和体会。当我们对于生活的细枝末节都能保持敏锐的感知能力时，就能锻炼出一双能发现美的眼睛。

第二，要学着接纳自己。当我们不断往脸上叠加化妆的产品和步骤时，往往是因为画出来的样貌和我们期待的有差距，于是想要不断追赶，再多画一点，再多改一点，却常常适得其反，找不到最合适的点。如果我们能完整地接纳自己，接受此刻的自己就是最真实美好的样子，那我还需要在脸上加那么多的东西吗?"我接纳，所以没什么要去刻意改变的了"，这样就是最好的。然后，我们就知道什么时候该停下了。

我还记得，前几年一个资深前辈曾对我说："你最棒的地方，就是可以把底妆画得像皮肤！你知道吗，这即使对很多专业化妆师来说，也不是每个人都能做到的。"

我想，这是对我和我的妆最高的评价了。

PART 5

好身材，
只是健康的
附加值

瘦，只是健康的
附加值

说到减肥和身材管理，这应该是所有女性一辈子的话题，我们可能从不到20岁起，就不断地在和多出来的那5千克以及小腹和大腿上多余的脂肪做斗争。

我也一样。

我从青春期开始，就一直是个微胖的女孩，不能说是真正意义的"胖"，但从来没有瘦过。不太敢穿腰部紧的上衣，夏天不敢露出胳膊，也不敢穿合身的牛仔裤。人生的头30年，几乎都是以深色、宽松风格的衣服为主。我也尝试过各种各样、千奇百怪的减肥方法，什么"三日苹果减肥法""香蕉减肥法""西柚减肥法""七日断食法""呼吸减肥法"，甚至也吃过好几种减肥药，短期内确实能看到体重数字的变化，但是副作用也随之而来，心悸、出汗、睡不好、没精神……接着，只要开始吃一顿正常的餐饭，体重几天之内就会反弹，甚至比之前更高。一遍一遍、周而复始地重复这个过程，减肥大业，从未成功。加上本身也是美食爱好者，不让吃就是要命啊！不如尝试运动？去健身房健身和跳减肥健身操，最终都没有坚持下来。27 ~ 29岁那几年基本上已经放弃减重了，自己安慰自己：我就是要做自己，快乐最重要。然后，持续二三年不上体重计，体重一路飙升……30岁那年到达我的体重峰值59.6千克，以我159厘米的身高来说，这早已超出健康标准的范畴了。

我想，有不少人曾经有过和我一样的经历吧。

30 岁那年，我遇到了我的私人教练里卡多·里斯卡拉。他是维密天使（时常品牌维多利亚的秘密的模特及代言人）的专属特训教练之一，全球最大的模特经纪公司 IMG 签署的澳大利亚首席教练、营养师、瑜伽教练，是健康方面真正的专家，他的客户中包括超模、明星艺人、演员，还有奥运选手。

　　就是他，帮我成功减掉了 12.5 千克，帮我老公瘦了 18 千克！里卡多是个极崇尚天然的人，他来自巴西，但他热爱东方文化，读《道德经》，打太极拳，倡导极简和禅意的生活方式，也是畅销书作家。后来，我们变成了很好的朋友，他除了常常指导我的健康饮食、运动方法、生活方式，我们也见证了彼此这些年来的改变和成长，可以说改变了我的人生。

　　开始跟着里卡多训练之后，我在半年之内体重由近 60 千克减至 47 千克，在 30 岁那一年，我竟然见到了自己从 16 岁之后就再也没见过的体重数字。不仅是体重数字，我的身材和身型也发生了巨大变化，牛仔裤尺码从 28 变为 24，身材的线条完全被改变了，变得纤长紧致，皮肤也变得细腻和更有光泽，更重要的是健康和精神状态前所未有的好，感觉身体真的逆生长了！我的所有关于身材、减肥、健康的观念，都被我的私教颠覆了。

　　我才明白，以往我都在用错的方式对待自己的身体。里卡多说，只要你的身体健康，体重就会自然地回到它应有的样子。所以，减肥的重点，不在于体重计上的数字，而是让自己回归健康！然而女孩们真的都对自己太狠了，为了看到体重数字变小，不惜牺牲自己的健康，用各种极端的方式"虐待"自己的身体，生理和心理上都承受着巨大压力。最后还可能由于减肥失败，陷入深深的自责和自卑的情绪，自我否定，自我放弃，这些心理方面带来的损伤，可能比肥胖本身带来的还大。坏情绪，对我们来说是一种"慢性毒药"啊！

现在回想起六年前减重初期的那几个月，清醒地认识到原来对我来说最有效的，不仅仅是方法，更是思维和认知上的转变。从强迫到顺应，从自责到接纳，从压力到享受，这些才是开启减重成功之门的钥匙。我们常常说"减肥"，这个词本身已经给予了自己不少的焦虑，因为这个词的前提，是我们对自己极其不满意、不喜欢自己的身体，在这样的前提下，如何让我们的身体正常运作？如何做到真正意义的健康和好身材呢？所以我的结论是，先接纳自己吧。了解到我们现在做的一切改变，是为了让自己变得更好，是为了获得健康和自律之后的自由。

健康，就是回归到最自然的方式。

一般人想到减肥，相信脑海里首先浮现出来的，就是"节食""吃草""饿肚子"，或者都是健身房里举哑铃的场景，面对很多的运动器械，做大量的重量训练，跑步机上跑得满头大汗。里卡多的训练方式完全不一样，每次运动我们都在户外一个安静漂亮的公园进行，坐在草地上、大树下，呼吸着新鲜空气，听着鸟叫和远处树林中的流水声，阳光穿过树荫暖暖地照在身上，舒服又放松。

健康地变瘦，要做到以下三个方面的内容。

坚持户外活动

相信所有健康方面的专家和医生们，都会鼓励人们多去户外，无论是老人还是小孩，无论是生病正在接受治疗的还是健康的人。那先来看看户外活动对我们有什么益处吧。

首先，户外活动是一种天然的"抗抑郁药"。因为阳光会让我们的身体增加一种叫作"5-羟色胺"的会影响我们情绪的激素，而运动本身会产生内啡肽，这是另一种对我们很好的激素，它能减轻疼痛感，带来舒缓情绪，也会让我们在运动之后感觉"良好"。古希腊的原始体育馆都是露天的，正是因为他们知道阳光能给身体提供太多好处。除了可以改善健康状况和释放情绪压力，绿色环境还可以降低心血管疾病、骨骼与呼吸系统疾病、精神疾病等的发病率，还能改善失眠。

而户外活动和健身房比起来，少了很多压力和紧张，户外更像是在轻松地玩耍，如果还能有家人和朋友一起参与，那锻炼就变得更有趣了。很多人在养成健身习惯的初期，会比较缺乏动力，户外运动也可以帮助你保持锻炼的积极性。

如果你是个普通的上班族，在一周的大部分时间里，可能都呼吸着"循环"的空气，而户外运动的最大好处就是有新鲜的空气和充足的氧气，这比一整天闷在空调房间里或者拥挤的健身房要好很多。同时，适当地晒太阳，还能帮我们补充维生素 D。提到骨质疏松，很多人的第一反应是补钙，但随着年龄增长，人体对钙的吸收力会下降，单纯补钙可能达不到理想效果，而维生素 D 正是促进钙合成的重要因素。日照正是维生素 D 的主要来源，如果每天，我们让身体的三分之一皮肤接受太阳照射 15 分钟左右，就能获得这一天所需的维生素 D 了。研究也显示，体内维生素 D 水平较高者，比维生素 D 较低者的身体机能平均年轻 5 岁左右。

其次，很多小区和公园都配备了户外健身器材，无需收费、使用方便，你也不太需要排队等其他人用完才能使用。如果你家周围没有这些公共设施，那就简单地慢跑或者散散步吧，只要能坚持下来，你获得的益处不亚于在健身房的锻炼。

让我们的胃，恢复到正常大小

我们在减重的路上，除了健康饮食和运动之外，还需要掌控一个关键的环节：调理我们的胃。

其实，我们的胃也是一种肌肉，它就像身上任何一处肌肉一样，本身就能变大和变小。你们有没有过这样的体验，某天晚上的夜宵吃得特别撑，第二天早餐醒来反而特别饿？因为，我们往胃里塞得越多，胃口就会变得越大，胃口越大，吃的东西就越多，如此造成恶性循环。

我们常常听到这样的建议："要想瘦下来，就绝不能让自己饿，一定要少吃多餐，每天6~8餐，让身体全日维持新陈代谢，燃烧热量。"少吃多餐，本身就容易走入误区。而且不断被很多不负责任的媒体和零食公司大力宣传。很多人认为，定时吃一点小零食，可以降低自己进食的欲望，使自己不容易感到饿，从而吃得更少。

但其实这种方式，如果没有专业的人来帮助你进行严格的饮食监督和管理，效果就不一定了，可能体重不减反增。另一个更大的坏处是，进食时间相隔太短，相当于一直在让我们的胃工作。一般吃完一餐后，胃完全排空食物的时间为3~4小时，但如果频繁进食，胃停工不到两小时，又要开始消化下一餐，中间供肠胃休息的时间很短，并且还会增加胃酸分泌、刺激胃黏膜，对于有胃炎和其他肠胃疾病的人来说，可能会加重病情。少吃多餐这样的方式，可能比较适合糖尿病患者和过于消瘦的人群，普通人想要用这个方式来瘦身，得不偿失。

但想象一下相反的方式，不吃饭、少吃、节食，这样就有效吗？很多减重的人，由于饿得太久，生理和心理上都承受着巨大压力，反而会报复性地暴饮暴食，然后功亏一篑。饥一顿饱一顿，身体也非常容易出问题。

那怎样才是最好、最健康、最持久的方式呢？想想我们中国人的古老智慧吧，中庸之道，即不多，不少，刚刚好！用在吃饭这件事上也一样，我们一日三餐的习惯不需要刻意去改变，吃对食物，不能完全不吃，也不能暴饮暴食，更不需要少吃多餐，每顿饭维持在七八分饱就可以了。吃饱了，但不吃撑。而在正餐以外，你需要学会判断，自己是否真的饥饿？有时候想吃东西，不代表你真的饿，很多时候只是心理饥饿、情绪饥饿，你需要的不是食物，而是一些自我安慰和满足感，需要缓解无聊。

我们所处的年代，社会物质条件太好了，你和你身边的人有谁真正经历过挨饿的苦？偶尔让自己稍微体验一点点饿的感觉，其实对我们的身体是有益处的。甚至有时候，我们还可以试试轻断食，每日吃两餐，甚至一餐也没有问题。保持健康和好身材，就是让我们的胃保持良好的状态。日本冲绳的居民常年倡导每餐只吃八分饱，这可能也是冲绳居民成为世界上最长寿人群的原因之一吧。

远离精加工，多吃原型食物

过去我们说到"肥胖"，大家首先会联想到高油盐、高糖饮食，或者高热量、过多碳水化合物摄取，但近几年的医学研究发现，胖和亚健康状态，还与"超加工食品"（ultra-processed food）有很大关系。

超加工食品是在已经加工过的食品基础上再加工的食品，这类食品通常含有五种以上工业制剂，如用来增加感官刺激的添加剂，用来保鲜的防腐剂等，并且是高糖、高脂、高热量的食品，长期食用会增加患癌风险。一般的面包、奶油蛋糕、巧克力、苏打汽水、即食汤、方便面、微波方便食品等都是超加工食品，通常也被称为垃圾食品。

这些垃圾食品，相信大家一看就知道是对健康不利的食品，但除了"超加工"，我们生活中还有非常多可能没有留意到的"精加工食品"，例如白米饭、精细白面粉制成的面条和馒头、包子、煎饼、饼干、水果味的酸奶、火腿肠、各种牛肉丸、火锅丸子等，这些看上去貌似都是特别正常、特别普遍的食品，其实和体重超标有着非常大的关系。

这些精加工食品易使人发胖的原因如下：

① 食品在经过精加工的过程中，已经流失掉了大部分的营养，吃进去最多只能增加一些饱腹感，身体所能吸收的营养非常有限；

② 精加工食品更容易咀嚼和吞咽，有可能延迟饱腹感的神经信号，也就是"觉得吃饱"的信号来得比较晚，导致吃过量；

③ 精加工食品大部分都有较高的升糖指数（GI），尤其是精制碳水类，越高的升糖指数，血糖升高的速度越快，这对我们的身体来说是件危险的事，尤其是减重人群以及糖尿病患者的大忌。

而健康的饮食结构，就是要多吃"原型食物"（whole food），少吃精加工食品。毫不夸张地说，如果你是过去在饮食方面不太注意的人，只要少吃精加工食品，多吃原型食物，即使不做运动，短期之内也会明显掉秤。

什么是原型食物呢？顾名思义，就是拥有原来样貌的食物，比如鸡肉、鱼肉、蔬菜、水果、菌菇类等。当我们一看，就知道这是什么食物，没有经过加工过程的即为原型食物。原型食物保留了最完整的营养元素，由于未经过加工，我们的身体在消化这种食物时，需要花费更多的工序和时间，这就说明我们的身体会在消化过程中消耗更多的热量，并且有饱腹感，没有那么快就饿。简单来说，就是不胖、营养又顶饱！我还记得我的私教告诉我，如果你不确定的话，就把这个食物拿给你的爷爷奶奶看，如果他们认不出是什么，那就肯定是加工食品。想想看

50年前，我们的父母那一辈人小的时候，肥胖和糖尿病的人远远少于现在，很大的一个原因就是，那个年代加工食品比较少。

所以不只是追求好身材，为了健康，我们也要多吃原型食物。有哪些是健康天然的原型食物呢？我列出一些平时菜市场和超市里很容易买到的食物，给大家参考。

（1）优质蛋白质

鸡蛋、鸡肉（尤其是鸡胸肉，高蛋白、低热量）、牛肉、鱼肉、鸭肉、虾等。为了确保不过量摄取油脂，应尽量选择瘦肉。还有，切记选择没有加工的肉类哦！素食者的优质蛋白质可选大豆、鹰嘴豆、藜麦、奇亚籽。

（2）蔬菜

蔬菜含有非常高的纤维素以及很低的热量和糖分，高纤维素的摄入可以减少肥胖和心血管疾病。蔬菜中还有很多维生素和矿物质，其对于每个人的身体都是极其重要的，增加维生素和矿物质的数量和种类会减少疾病的可能性，同时让你感觉精力充沛。蔬菜中还包括天然抗氧化剂、抗炎成分和植物雌激素，这些物质可以保护人体细胞免受损害，还能抗老美容哦！尽量选择种类丰富的蔬菜，避免单一饮食。

（3）天然碳水

很多人在减重的时候会直接不吃主食，这是万万不可取的！精制淀粉可以去掉，但我们仍然能吃天然碳水，例如山药、红薯、南瓜、玉米、糙米，这些食物纤维素高，而且升糖指数比较低，只要控制好分量即可。

（4）好油脂

有些女生在减肥过程中为了控制热量，一口气去掉了所有的油脂摄入，导致精神变差、皮肤变粗糙、便秘，甚至胸部"缩水"特别快。油脂对人体太重要了，是我们身体必需的重要营养成分之一，能够提供热量和必要的脂肪酸来维持我们的身体机能和健康，对我们的皮肤也特别好。深海鱼类、牛油果、坚果类、橄榄油，这些都是优质的好油脂来源，甚至能帮助我们减重、抗发炎、保持年轻。

所以看到这里，是不是转变了一些观念和想法?

减重，不仅仅是少吃多动，或者节食、计算热量这么简单片面，重要的核心是：会吃、吃对食物。找对方法，让你不挨饿也能瘦，还能瘦得美、瘦得健康!

减重，
先学会喝水

"多喝水"，这句话我们常常听到，可以说是人人都知道的一句"废话"。但并不是每个人都知道，为什么水对于我们的身体很重要？喝水与减重的关系是什么？我们如何确保自己每天喝足够量的水？

水，对于我们身体的作用

水能够调节我们的体温，让我们在炎热的环境和运动后，能将体温迅速调节到正常的温度。通过排汗和排尿，代谢掉体内的废物。充足的水分摄入有助于肾脏更有效地工作，并有助于预防肾结石。足够的饮水还可以预防便秘，很多人在减重期间，加大了蔬菜，也就是纤维素的摄取，但仍然会有便秘问题，就是因为喝的水不够多。

水还能够保护我们的身体组织和关节，在运动的时候减轻关节炎等疾病引起的不适。水还有助于消化和营养的吸收，因为水可以溶解食物中的维生素、矿物质，并且将营养成分输送到身体的其他部位。每天摄入足够的水，还会改善我们的血液循环，预防高血压等疾病。水，还能帮助皮肤保持水分，让皮肤充满润泽感和光泽。而且，适当的补水有助于缓解我们的不良情绪、疲劳和焦虑。水的作用，是不是比你想象得还要多？

水，对于减重的帮助

（1）水会抑制我们的食欲

通常当我们觉得饿了，会很自然地去找东西吃，但有时候并不是真的饿了。医生和营养专家说，由于轻度脱水而引起的口渴，常常被大脑误认为是饥饿。只要摄取水分，可能就能立即缓解饥饿的感觉，有时候身体缺少的是水分而不是能量。喝水也可以增加饱腹感，喝水之后会向大脑传送信号，大脑会告诉你"我不觉得饿"。这一点很重要，很多人的肥胖问题，很大一方面的原因是习惯性地"吃太多了"。摄入食物的量，远超过身体所需要的，囤积下来就会导致变胖。也有不少的医学研究表明，在进餐之前喝一杯水的人，比不在进餐前喝水的人少摄入22%的食物。

（2）水能提高新陈代谢

水，与我们的新陈代谢有着非常大的关系，有研究发现，每喝500毫升水可使新陈代谢速率提高30%，并且能持续一个小时！想想看，我们常常为了促进新陈代谢在健身房疯狂锻炼、跑好几千米，就为了多燃烧一点热量，而喝水其实就能轻松办到，是不是觉得太划算了！所以，在控制体重的人，尤其要记得多喝水。

（3）喝水有助于运动

水在我们运动的过程中对人体至关重要，因为它能溶解电解质（包括钠、钾和镁的矿物质），并将其分布到整个身体中，电解质失衡会导致运动过程中抽筋或受伤。并且当肌肉细胞脱水时，它们会更快地分解蛋白质（也就是肌肉），通过运动建立肌肉的速度会更慢，我们运动的效果就会大大降低了！充足的水分，还可以减少我们运动中的疲劳，这样就能帮助我们运动更长时间，以达到你的运动目标和效果。这就是为什么，我们需要在运动的过程中补水，而不是只有感到口渴才想起来喝水。

每天究竟应该喝多少水？

我们经常听到"每天喝八杯水"，但是根本不知道精确的数据，要用多大容量的杯子呢？分别什么时段喝水呢？怎么确保你能喝够八杯呢？

针对饮水量，有一个人人都可以套用的公式，即根据自己的体重来计算，一般来说每天每千克体重的人要摄入 30 毫升的水，那么对一个 50 千克的成年人来说，一天的基础喝水量是 1500 毫升。考虑身体的排水因素，例如流汗、呼吸、水分从体表蒸发、上厕所，要再加上约 1000 毫升的量，也就是每天要喝水 2500 毫升。如果再加上去闷热的场所，或者夏天处在室外时间较长，喝水量甚至要提高到 3000 毫升。这里指的是总水量，也就是包含了我们喝的果汁、饮料、咖啡、牛奶、汤等。但是如果你正在减重，也为了身体健康，含糖饮品还是尽量不要喝了，以单纯的水分补充为佳。

我还记得，我的私教里卡多在初次给我做健康评估时就强调："你喝水太少了，你的皮肤明显缺水。"这确实是我过去非常严重的一个问题，不太有主动喝水的意识，有时工作忙起来，好几个小时也顾不上喝一口水，一整天下来最多就是一瓶 600 毫升的矿泉水的量。

我想应该很多女孩都和曾经的我一样吧。我的教练在第一次见面时，就给了我一个任务，每天喝 2.5 ～ 3 升的水，但我在第一年都没有做好这件事，总是忘

记自己喝了多少水。有时我们坐在电脑前，一杯水喝完了，想着先忙一会儿工作，过一会儿再去倒水，然后就忘记了，一拖可能就是两小时……

于是，教练给了我一个好办法，这个方法让我立即养成了多喝水的好习惯，并且贯彻至今。其实非常简单，就是使用1升的大水壶并随身携带。我自己用的是运动品牌的1升容量的透明吸管杯，我每天只需要灌满3次水杯，量就一定足够了。并且在工作的时候，水杯就放在我眼前，会不断提醒自己过一会儿就喝一口水。现在我已经养成了习惯，无论是逛街、外出工作，就连接送孩子去幼儿园，我都会携带我的巨大吸管杯。如此我每天喝的水就能轻松达到2～3升了。

制定一个属于自己的喝水行程表

多喝水还不够，还需要做到"会喝水"，千万不要两小时不喝水，一喝水就一大壶。短时间内喝水过量也是不健康的，有可能会造成肾脏负担或者"水中毒"，这在运动场上非常常见。长时间的剧烈运动，例如铁人三项、马拉松等，运动员在运动过后只补充水分，没有一起补充电解质，就会造成原本已缺乏电解质的身体中度到重度低钠，很有可能引起痉挛或休克。所以要注意，每次饮水不要超过200毫升，一小时内不要超过1000毫升。不过，大家也不要被"水中毒"吓倒，生活中饮水量不足的人数还是要远远超过水中毒的人数，凡事只要懂得方法，不过量就好。如何制定一个科学健康的喝水行程表呢？以下供大家参考，具体还是要根据自己的生活工作习惯来做调整。

晚上睡前一小时最好不要喝水，避免水肿，如果晚上喝水过多半夜起来上厕所，也会影响睡眠质量。这样加起来，一天的饮水量差不多就有3000毫升啦！喝水真的太重要了，学会喝水，养成好的饮水习惯，不只对减重有好处，身体健康、皮肤和精神状态都会有所改善。

6:30—7:00 饮水量 300 毫升	早晨起床后，先喝一杯温开水，可以加新鲜柠檬汁，让睡了一夜的肠胃很快进入工作状态，有利于排出体内污物。
7:30—8:00 饮水量 200 毫升	运动后出了汗，洗脸刷牙再去上厕所，这时候就该再补充水分啦！喝水之后就可以开始吃早餐了，如果早餐有咖啡或粥，也都算饮水量。
8:00—9:00 饮水量 400 毫升	出门上班的路上，记得也要喝水。
9:00—11:00 饮水量 500 毫升	工作期间适当补充水分，可每间隔半小时就喝一次水。
12:00—14:00 饮水量 600 毫升	记得午餐之前要先喝一些水，可以适当抑制食欲，避免吃得过量。如果午饭吃了辛辣的食物一定要喝些汤粥来冲淡对肠胃的刺激，餐后也要多饮水，以避免上火引起皮肤干燥或起痘痘。
15:00—16:00 饮水量 400 毫升	下午容易疲劳，这时可以喝点水缓解疲劳。
16:00—19:00 饮水量 400 毫升	下班之前记得喝点水，晚上回家以后的补水是一天中的重要功课，进家后先喝水。如果晚上喝了汤的话，饮水量可以适当减少。
19:00—21:00 饮水量 200 毫升	在这个时段内可以再喝一些温水，做一天中的最后补水。

好身材，
是一分练，九分吃

我们常常听到一句话：减肥，是三分练，七分吃。

这句话在我第一次见到我的私教里卡多时，就被否定了。他告诉我："好身材，应该是一分练，九分吃！"这个理念再次颠覆了我的认知。我们以往谈到减肥这件事，会有以下五大误区。

减肥，就是疯狂跑步？

说到减肥，大家第一反应都会和跑步联系起来。你有没有这样的经验，突然有一天下决心要减肥、改变自己，冲动之下第一次就跑了三千米。但由于自己的身体很久不运动，一开始就进行高强度训练，第二天乳酸堆积，浑身肌肉酸痛，要休息好几天。等之后再想起运动时，就觉得减肥好辛苦，还是算了。

你可能还不知道，调整饮食，其实比运动见效快得多。

大家听过太多跑步给身体带来的益处，但你了解过跑步可能给你带来的风险吗？欲速则不达，无论是饮食调整或者养成运动习惯，都需要循序渐进。对于运动的初学者来说，一开始就进行高强度运动，或长时间过量训练，都是件危险的事，会超过身体负荷、引起运动损伤。跑步还会导致肾上腺释放一种叫作皮质醇的激素，引起全身性的压力。跑步中皮质醇的增加有助于调节血糖水平，使身体更高效地供能。但是，过高的皮质醇水平会导致失眠、焦虑和健忘，降低免疫水平。身体就好似一个水库，训练压力就像水库中的蓄水，正如蓄水量超出水库容量后会导致溃坝，过度训练积累的压力也会导致身体机能下降，适得其反。

我记得在生小孩之前，教练让我每周慢跑 1 ~ 2 次，每次 45 分钟。我的体重大幅度下降的那半年，确实也把跑步作为常规运动之一。但我的方式是非常慢的慢跑，配速是 5 ~ 6 千米 / 时，几乎就是快走的速度了。教练给我的衡量标准就是，想象你妈妈走在你的旁边，如果她跟不上你跑的速度，你就要慢下来了。我惊喜地发现，用这样的配速跑真的不难，不会心跳剧烈加速，也不会严重地气喘吁吁或是让身体非常难受，更容易坚持下来，而且也同样能达到有效燃脂心率，同样有减脂效果。有膝盖问题或体重基数过大的人，是不适合跑步的，但可以改成走路，走路是最简单、最安全的运动，能坚持每天走路半小时以上，就能达到一定的运动效果了。

生了小孩之后，我的教练就再也没有要求过我跑步，更多的是自重力量训练，结合瑜伽、普拉提和走路，注重雕塑线条和维持。主要原因就是我工作忙碌同时也要照顾小孩，很容易就会有压力，不适合跑步了（担心皮质醇过高的问题）。所以，并不是每个人在每个阶段都适合跑步，跑步也并不是唯一的运动方式。适合自己，能够享受并坚持的运动，才是最好的。

减肥，就等于简单粗暴的节食？

相信这几年关于健康饮食资讯的普及，使越来越多的人意识到了，节食减肥是非常不健康的。但还是有不少女生，为了体重计上的数字而斤斤计较，尤其是"减重新手"，唯一盼望的就是自己减得越快越好，体重减得越多越好。

总结起来就是想要快速见效，且体重计上的数字下降得多，于是很容易采取一些极端方法，例如长时间节食，减少热量的摄入（每天吃进去的热量远远低于自己的基础代谢率），或者单一食物减肥（如坊间流传的苹果减肥法、香蕉减肥法等）。我们来分析一下，这种极端的节食，会对身体有什么伤害。

（1）肌肉流失

这种快速减肥的方式，往往是过度限制碳水化合物的摄入，或者加入过量的有氧运动。

如果身体长期处于这种碳水化合物缺失的状态，那么身体就会用脂肪和蛋白质来作为身体的能量来源，结果减掉的就不只是脂肪。我们身体小到细胞，大到器官，都离不开蛋白质的存在，缺乏蛋白质，人体生长、细胞分化、损伤修复、激素调节这些过程都会受到影响。分解蛋白质就意味着肌肉流失，肌肉流失对于减脂的人也是得不偿失的。要知道，肌肉可是我们"脂肪的熔炉"啊！

（2）基础代谢率降低

基础代谢率是指一个人在静态的情况下，维持生命所需的最低热量所消耗的能量，主要用于呼吸、心跳、氧气运送、腺体分泌、肾脏过滤排泄等活动。

当我们在快速减重、肌肉减少时，基础代谢率就会迅速降低。肌肉和内脏是维持我们正常生活的器官，就算它们不运动也会消耗能量。而基础代谢率降低以后减肥就会越来越难。我们的身体非常聪明，一旦当你突然减少进食，身体就会警觉："是不是饥荒和灾难要来了？那为了活下去，我要省下能量。"于是会开启自我保护机制，降低代谢率，当然其中也减缓了脂肪的代谢，所以减肥就会出现瓶颈了。

（3）营养不良

食物中没有足够的碳水化合物、蛋白质、各种维生素和矿物质满足身体的基础代谢需要，长期下去就会营养不良。为什么有女孩减肥后，月经会突然消失？正是营养不良、长期热量不够、体脂率过低造成的体内激素分泌异常，身体为了做好迎接饥荒、维持生命的准备，会先自动去掉相对来说不那么重要的功能——孕育后代（活下去更重要）。为了瘦几斤，搭上了健康，真的是得不偿失！我们将健康饮食换一个说法——营养，也就是吃对东西、吃真正需要的东西，这比"少吃"要更加有效。如果营养不均衡，那么所有的运动都无法真正帮你减轻体重。

（4）皮质醇增加

过度节食会造成我们身体中一种叫作皮质醇的激素（压力激素）过度分泌。对于减脂的人来说，皮质醇是一种非常令人讨厌的激素。皮质醇的增加会造成我们免疫力下降，肌肉减少，还有毛发脱落。甚至会增加我们的糖尿病患病概率。另外，激发你食欲的饥饿素，是胃部在感觉饿时分泌的一种多肽，如果你总是节食，饿肚子的过程中饥饿素的水平就会升高，当你一恢复正常饮食，就容易受到饥饿素的影响而暴饮暴食，导致减肥失败。

（5）影响正常生活

快速减重或过度节食会直接影响你的精神状态和情绪，整个人状态会非常差，而且有科学依据表明，过度节食会让人变笨！也就是大脑没办法正常工作了，这样就会影响你的工作和生活。过度节食的确可以让你的体重迅速降下去，但最重要的一点是，你没法长期坚持。不可能接下来的人生都靠"挨饿"活着，所以一旦你恢复饮食，或者运动量减少，体重就会迅速反弹，而且可能还会比你减脂前还要重。

瘦，等于体重计上的数字？

说到减肥，我们首先需要知道什么是减重，什么是减脂。减重指减掉的是体重，这不仅包含了脂肪，还可能包括身体的水分、肌肉，减重不一定意味着成功减肥。但减脂就更具体了，说的是减掉体内的脂肪，这两者区别非常大。

相信大家都曾经在网上看过很多人同体重、同身高的对比照片，同样是体重120斤的人，身材和体型看起来差别巨大，运动的人身材紧致，有修长的肌肉线条，腰、臀、腿的围度都比另一个人小两圈。因为脂肪的体积是肌肉的三倍，减脂不意味着体重的下降。当体脂率下降时，肌肉有所增长，有可能体重减少得非常慢，甚至有时还会增加，但这不意味着减肥没效果。

脂肪属于身体储能物质，密度小体积大，过量的脂肪会让身体显得臃肿肥胖。而肌肉是身体的耗能组织，会让身体消耗更多热量，且密度大，体积小。身体每增加一千克肌肉，每天就会多消耗167～251千焦（40～60千卡）的热量。所以说，拥有肌肉，就相当于有了一个"脂肪的熔炉"！

肥胖的人，减肥的目标是减掉体内多余的脂肪，尤其是内脏脂肪，这才能真正地瘦下来！减肥期间，除了需要进行有氧运动外，你还需要加强力量训练。坚持力量训练，可以预防皮肤松弛，收紧腰腹、臀腿线条，在视觉上优化身材比例，塑造一个紧致、完美的身材曲线！还能提高身体的代谢水平，让身体消耗更多热量，有效塑造易瘦体质。平时多进行力量训练的人，身体衰老速度也会减缓，皮肤保持紧致的状态，力量水平、活力水平也会有所提高。这就是真正地由内而外地做到了逆生长！

我在一开始减肥的时候，教练让我做的第一件事，就是丢掉体重秤，别再去在意这个数字。我们应该更信赖镜子和较瘦时期的衣服，这是不会出现偏差的标准。就像现在，我已经坚持运动 5 年，体重常年维持在 49 千克左右，和中学时的 49 千克比起来，身材紧致苗条了非常多，这就是肌肉比例和体脂率不同所导致的。

每个人体质不同、身体状态不同，减肥初期体重秤给你任何反馈都是有可能的。所以没必要为少了几斤而欣喜若狂，也不要为数字不变或升高而懊恼不已。找到科学的方法，踏实执行，才是减肥成功的前提。对于健身新手来说，如果你体重基数不太大，请别过度关注体重秤，定期测量围度，尺子比秤更靠谱。如果你体重基数比较大，体重减轻是迟早的事，身材和体态的变化肯定更明显。

吃肉，等于长胖？

（1）蛋白质，对我们很重要

很多人在减肥的过程中不吃肉，其实这是一个错误的做法。科学研究发现，不吃肉会导致体内分解脂肪的酶减少，而缺少分解酶会造成体内脂肪只储存不分解或分解很少，这也就是不吃肉减肥会越减越胖的原因。蛋白质摄入不足，可能会得低蛋白血症、贫血。同时也不利于肌肉的合成，也就是说，想减肥的人，蛋白质摄入量很低，还同时进行大量运动，效果是一定不会好的。

肉类中的主要营养物质是蛋白质，另外还含有丰富的 B 族维生素和多种矿物质。其中，维生素 B_2 可以帮助脂肪燃烧，将脂肪转化为能量；维生素 B_6 可以帮助蛋白质和不饱和脂肪酸等代谢。肉类中的 B 族维生素是最全面的，不吃肉等于完全拒绝这些营养元素，这样不仅会造成营养不均衡，长期下去还会造成人体抵抗力下降，引起肥胖。

肉类是优质动物蛋白的主要来源，它与豆制品等植物蛋白搭配，可以让蛋白质更好地被人体吸收。不吃肉会造成蛋白质摄入不足，使人体肌肉流失，肌肉流失又直接导致人体的基础代谢水平降低（开启人体自我保护机制），这就变成了"喝水都变胖"的易胖体制，更会让人皮肤松弛、暗淡无光，甚至引起脱发，还没瘦下来却先变老了。

（2）蛋白质，怎么吃?

我自己的经验是，如果午饭吃了肉，到下午就没那么容易饿，这样就利于晚餐控制食量。如果中午想着减肥只吃沙拉不吃任何蛋白质，到晚餐前会非常饿，如果这时候再来一碗泡面或者一顿麻辣烫，那就真的减肥失败了。蛋白质是所有食物中最抗饿的，最适合放在午餐吃，但这不代表你可以肆无忌惮地吃肉! 我们只要把蛋白质摄入控制在一天差不多一个手掌大小即可。按照你的手掌尺寸和厚度去衡量，每个人都不太一样。真的别觉得这个尺寸小，男生的手掌大小已经差不多相当于一块牛排了! 无论你是吃鱼肉、鸡肉，还是豆腐，都按照这个分量去衡量。

肉类中最优质的属鱼肉，其次是鸡肉，这些都属于低脂肉类，含有丰富的蛋白质和不饱和脂肪酸，有利于预防心血管疾病，对减肥大有好处。猪牛羊肉这类红肉属于含较高饱和脂肪酸的肉类，吃太多会导致胆固醇升高，对心血管有一定损害。但还是可以适量选择瘦肉的部分吃，只要平日饮食不以红肉为主就好。

（3）只吃蔬果不可取

另一种极端情况是有些人以为蔬菜、水果没有热量，就可以放心地大吃特吃。不可否认，多吃素食、蔬菜水果等富含纤维素的食物，确实对减肥有帮助。但是，很多蔬果中同样含有大量的碳水化合物。水果中的热量和糖分也相当高，有些人在减肥期间还把大量水果榨成果汁饮用，我们平时吃一颗橙子的糖分是可以接受的，但是要榨出一杯橙汁，起码要4～5个橙子，这糖分不敢想象啊！所以记得，要吃水果，就选糖分低的，少量吃，并且要尽量在上午吃。

减肥，可以一劳永逸吗？

记得几年前我分享自己的健康饮食餐单时，下面的留言有一大部分都在问："这个餐单要吃多久？""如果瘦到理想体重，是不是就可以恢复以前的饮食了？"……其实她们全都误解了，这不是那种快速减肥餐，而是一种健康的饮食方式，是我们应该长时间去遵循的。英文中有句话"You are what you eat"，翻译成中文就是"人如其食"。你的身材、体质、健康状况、生活质量，很大程度都是由饮食习惯决定的。

如果要瘦，前提是先健康；如果要健康，那就需要养成健康的生活习惯。搞清楚因果关系之后，就知道什么能够决定身材了。健康的饮食习惯，会塑造好身材。瘦，只是健康的附加值。如果还是有人问我："这个餐单要吃多久啊？"我就会问她："看你想拥有多久的好身材。"靠正确的方法、好的习惯，让自己瘦身成功了，但之后如果要回归过去不好的习惯，不好的结果一定也会体现在身材上。所以，减肥的世界里，没有一劳永逸。应该先去理解和接纳自己，找到最适合的饮食和运动方式，然后坚持下去。

十个好习惯，
塑造好身材

不管是减肥瘦身，还是改善健康，追溯其底层逻辑，都要基于行为习惯的改变。无论是你开始早起运动、改变饮食结构，还是多喝水……我们都需要明白，身体上的改变不是百米冲刺，而是马拉松。很多短期的极端方式如节食、单一食物减肥等，虽然有效，但是从长远来看，大部分都会失败。所以为了真正地、彻底地、成功地做到持续的正向改变，我们需要在善待身体和心理的前提下行动。

以下是以我个人的减重经验，结合从私教那里获得的专业指导，总结出的十个能塑造出好身材、好身体的习惯。

每顿饭吃八分饱

记得第一次和我的私教训练时，他没有给我什么运动的功课，只是叫我改变两个习惯：饮食中减少盐和调料，每顿饭吃八分饱。我们的胃是一块有弹性的肌肉，可以撑大，也可以缩小。

美国的营养学家做过一项调查，大多数美国人用餐的量超过了平均应摄入量的两到三倍。想想看，就像是本来你吃一碗饭就能饱了，但硬是把胃撑到了三碗饭大小，并且让自己以为要吃三碗才能饱，胃一直都在被迫加班，过度工作。那么如果我们想要刻意把胃锻炼得小一点，要多久才能实现呢？我的经验是：一周就可以。

化妆的哲学
改变人生的美妆秘籍

记得我在开始减重计划的第一周，尝试着让自己每顿饭都维持在八分饱。一开始特别不习惯，不只是饿，还很馋，内心某种需求没得到满足，总觉得没吃到饱好像就不太开心。但我持续告诉自己："我在变瘦，我在变得更健康，我这样是爱惜我的身体。"坚持了一周之后，我发现就已经适应这样的食量了，比想象中容易。那什么是八分饱呢？就是已经不觉得饿，但对食物还抱有"好好吃啊，我还能再吃几口"的感觉时，就是八分饱了。人的大脑反应通常比胃部感觉要滞后一些，当你的脑子觉得"我饱了"，其实那时已经是吃撑了。为了避免这种情况，我们就需要主动先叫停。

在减肥初期，如果你的意志力不是很坚定，那就应尽量减少外出社交聚餐。平时在家用餐，还可以通过改用尺寸小一点的餐具，来减少食量。坚持一段时间后，不仅是体重，身材也会发生变化，精神状态也会发生改变。很多时候我们午饭过后就犯困，下午的工作也提不起精神。其实就是因为中午吃得太多，大脑处于缺氧状态，但如果能做到七八分饱，脑部血液还是充足的，就不会对工作和学习造成影响，同时也能避免胃黏膜损伤，引起肠胃疾病。

多喝水

在前面的章节中已经讲过喝水对我们健康的重要性，如果你想减重和维持好身材，那更是要养成多喝水的习惯。除了保持身体的水分外，人体的正常热量代谢、排毒，都需要水的大量参与。有一项科学研究表明，多喝500毫升的水就可以帮助新陈代谢速率平均提高30%，也就是说即使你的饮食习惯不做任何改变，单单是多喝水，已经能够帮助你减重了，多么划算啊！

自己准备午餐

很多时候我们的减肥计划失败，都是败在了"外出吃饭"上。今天想着，偶尔吃一顿外卖没关系吧，明天想着，吃一小碗麻辣烫不要紧吧？这就会造成一种好像你大部分时间都在认真执行饮食计划，但一直看不到效果的现象。对于上班族来说，其实最简单直接的办法就是自己带饭。这样虽然会多花一些时间和精力去准备，但吃进去的食材、营养搭配比例、烹调方式、放了什么调料，都是可掌控的。

我们可以在每周日的时候，花2~3个小时来筹备一周的食材，例如先制定一周的食谱，洗菜切菜、食材分装、切肉腌肉等，也就是先集中把一周的食材做个简单的处理，到了当日做饭时就不会发愁应该吃什么，做饭也省事很多。同时也能减少很多外出就餐的机会。

如果实在太忙，没办法做到每天带午饭，不得不外出吃饭的时候怎么办呢？有几个小原则，可以帮助你尽可能地吃得健康，不影响减肥大计！

第一，餐前先喝一大杯水，保持身体水分的同时，还能暂时缓解饥饿感，避免暴饮暴食。

第二，选择凉拌菜和清蒸菜，这是在控制油脂的摄入量，一般外面的餐厅为了保证食物的口感，通常都会重油重盐，如果你只选择炒菜和煎炸类的菜，摄入的脂肪量起码会超出计划的2~3倍。

第三，吃粗粮，也就是红薯、土豆、玉米，还有根茎类的蔬菜，这些都是天然碳水，有营养，易产生饱腹感，还富含纤维素，完全可以代替米饭和面条。

第四，多吃菜和肉，很多人对于减肥有个误解，想要瘦，就少吃肉。蛋白质是我们的饮食结构中非常重要的部分，尤其是减肥、运动的人，想要保证身体正常代谢或者增加肌肉量，更是一定要吃充足的蛋白质，只要尽可能地选择优质且脂肪含量少的蛋白质就可以了，如深海鱼、去皮鸡肉都非常好。

带着正念吃饭

有这样一种说法，我们的身材和健康状况，很大程度上取决于你与食物的关系。我们每个人可能都曾有过这样的经历，和同事或朋友聚餐时会一边吃饭，一边聊天或玩手机、收发邮件，一顿饭下来，全程都没有觉察饭好不好吃、什么味道，甚至对吃了什么都完全没有印象了。这就是偏离正念的吃饭，也就是和食物之间失去了联系。

有研究表明，肠道与神经系统之间存在一系列复杂的激素响应信号，大约需要 20 分钟的时间，大脑才能接收到身体已经吃饱了的信号。也就是说，当你三心二意，或者吃得太快时，大脑来不及接收身体已经吃饱的信号，你就会吃得更多。"开小差"的状态很难让我们觉得有饱腹感。

正确的进食方法，是在用餐时将注意力集中在食物之上，我们可以更好地享受美食，同时细嚼慢咽。这样能保证我们不过量饮食，有助于保持体型。这种"全神贯注进食"的方法叫"意念进食法"，可使我们"身心合一"，也就是带着正念吃饭，不仅仅有助于身体的消化吸收，更能让我们提升对于食物的认知和专注力，给我们带来幸福感。

保持充足的睡眠

减肥和睡眠看上去貌似没什么关系，但有很多研究表明，它们都是受身体内激素影响的。有两种激素，分别是"饥饿激素"和皮质醇，它们都会刺激食欲，让我们渴望多吃碳水化合物。有些时候，我们工作压力大，或者和男友吵架，心情不好，会特别想吃火锅和甜品，这就是身体的激素水平在作怪了。当我们睡眠不足时，这两种激素活动会更加频繁，相反，负责抑制食欲的"瘦素"，活性会大大降低。也就是说，睡眠不足时，很容易大吃大喝，尽管你不想，但仍会受到激素水平的影响。

另外，睡眠不足也会直接影响身体的代谢率，当你睡眠不足时，身体会收到一个信号：你的生存环境有危险。为了让你能好好活下去，多保存一些能量，身体会自动切换到生存模式，降低身体基础代谢。代谢降低，就意味着体重增加。

我还记得几年前减重的时候，有时会遇到瓶颈期，我的教练会让我在一周的时间里什么运动都不做，只要早睡早起，保证每天八小时睡眠，最多每天散散步。结果一周下来，体重反而开始下降了！因为我们的身体，是需要休息、养精蓄锐的，也就是俗称的"有力气减肥"。优质的睡眠，不仅仅能带来正常的激素分泌，还能让身体得到很好的修复，提高各方面机能。

早睡早起还有个好处，就是避免吃夜宵！比如你平时晚上 7 点之前就吃完晚饭了，我们临睡之前的四小时是最好不要进食的。理想的入睡时间就是晚上 11 点，但是如果到了半夜 1 点你还没睡，一定会觉得饿，这时候如果去吃个夜宵，那一切都前功尽弃了……好好睡觉，就像好好吃饭一样，是在养身体，这非常重要，同时也是获得好身材的必备条件！

准备一些健康零食

我们常常会在两餐中间觉得有点馋，或有点饿，想吃点小零食，其实我们可以多准备一些健康零食，上班或外出都随身带着。例如把饮料换成花茶，把薯片

换成不加盐的综合坚果和海苔，把各种辣条换成新鲜苹果、蓝莓、小番茄、黄瓜条，这些都是容易携带，且热量和糖分都很低的食物。能暂时缓解饥饿，也不会带来任何负罪感。

每顿饭都要吃至少三种蔬菜

这些年我们不断听到各式各样的医生和专家在倡导：饮食多样化！一天中至少要吃到 12 种食物。但人们在生活当中能真正做到的实在太少了，有时候一大盘红烧肉配碗米饭，这就成为一餐了。尤其是蔬菜，多数人吃得都太少了。

多吃蔬果对我们有什么益处呢？

好处 1：纤维素对人体有益，蔬菜中的纤维素不能被人体的肠胃所吸收，但本身会吸收大量的水分，有益于排便。多吃纤维素可以促进身体的代谢功能，对于减重有很大帮助。

好处 2：蔬菜含有丰富的营养元素，如维生素 A、维生素 C、叶酸、铁、钙和各种抗氧化剂，其中以维生素 C 和维生素 A 最为重要，不过维生素 C 在烹煮时会大量流失，蔬菜颜色越偏深绿或深黄，含有的维生素 A 和维生素 C 就越多，所以我们要尽可能地多吃深色蔬菜，这些也都是营养元素的重要来源。

好处 3：增加饱腹感，蔬菜中的纤维素能增加咀嚼，这样肉类和碳水就不至于吃过量，减重期间的人群更应该注意饮食平衡，加大蔬菜在饮食中的比例。

好处 4：哈佛大学的研究数据表明，蔬菜的摄入量增加，与心血管疾病死亡的风险降低相关，每天多吃一份蔬菜，风险就平均降低 4%。另外也和预防癌症有着密切关系，多年的跟踪数据研究表明，有不少蔬果都可以有效预防某些癌症，例如长期吃橙子和羽衣甘蓝的女性，乳腺癌的发生率就显著降低。

但是没有一种水果或蔬菜，可以提供我们健康所需要的所有营养，所以吃蔬菜也要尽可能地做到多样化。分享一个我自己饮食方面的蔬菜公式吧，每天的午餐或晚餐，让你的盘子中至少出现三种蔬菜：

① 绿叶类，如生菜、油麦菜、苦菊、茼蒿、菠菜、小青菜等。这一类蔬菜低热量、高纤维，也富含各种维生素。

② 十字花科类，如菜花、甘蓝、西蓝花、白菜、羽衣甘蓝等。富含各种营养元素，并且都具有高钾低钠的特点，对于控制血压和维护心血管健康都很好。

③ 根茎类，如胡萝卜、洋葱、山药、红薯、土豆、莲藕等，这些也都是天然碳水，能当作主食。

有了这个公式，每天吃饭就不愁吃什么蔬菜了，每次选择三种来搭配，营养也就非常丰富了。

多走路，就是很好的运动

英文当中有个词叫"couch potato"，意思可不是沙发土豆！而是形容那些一天到晚不出门、宅在家里、花大量时间躺在沙发上看电视的人。现代人已经习惯了这样的生活方式，经过一整天的工作已经心力交瘁，回到家后只想躺着，哪怕是并没有想看的电视节目也会不停地按着电视遥控器，漫无目的地换台、打发时间，甚至是上网、刷朋友圈一直到深夜。这些"couch potato"的共同特点，其实就是懒，而且是习惯性的懒。

要减肥也好，要过得更健康也好，人们说到这个话题，都明白：管住嘴、迈开腿。但真正能够行动的人，还是少数。因为一谈到运动，大家联想到的就是累。但当我们想要改变时，最重要的是什么呢？不是你具体计算每天消耗的热量，也不是你加入健身房会员，而是你得迈出第一步！有句话这样说，当你跨出第一步，你就已经完成了90%，这就是从0到1的改变。如果从来都没有运动习惯，不知道该从哪里开始，或者担心身体无法适应的话，那就从最简单的走路开始吧！

你可以每天尝试早点起床，在距离公司两站路的地方提前下车走路去上班，或者晚饭过后坚持散步40分钟。速度也不需要快，就按照你平时走路的速度就好，但是要注意均匀平稳地呼吸，这点很重要。走路的好处远比我们想象得多，例如改善血糖、保护关节、有益于心脏和大脑、促进代谢、帮助减脂、利于睡眠等。而且多在户外活动，接触自然，还能预防抑郁症，人的心情和状态都会跟着好起来。

我们中国有句老话：千里之行，始于足下。说得多好，多么有智慧啊！再伟大的愿景与规划，都得从脚下这第一步开始。每次当我的状态不好，有压力、工作忙碌时，我的教练会取消我所有的健身计划，告诉我："你今天的作业就是走路一小时。"这是最简单，也最有效的运动了，走路这项运动，没有门槛、没有难度、没有任何费用。我们需要做的就是，开始第一步，然后坚持。你会发现，整个人的状态都会得到改变，当你能体会到运动为你带来的改变时，你就会提高运动的意愿，这时运动不再是辛苦，而是快乐。这就是激发我们内驱力的过程，也是成功的关键。

所以，从今天开始，每天争取走一万步吧！

吃得清淡一点

火锅、烧烤、串串、麻辣烫、各种热炒……我们中国人所喜爱的食物，很多都是重油重盐的，而对于清蒸或水煮菜这类清淡食物，好像大家已经觉得难以下咽了，重口味似乎已经成为饮食常态了。

平时所说的重口味饮食，不仅仅是高盐而已，还有高钠。钠是人体中一种重要的无机元素，具有维持体内水平衡、酸碱平衡的作用，同时还可以维持血压稳定。每人每天钠的摄入量应为 1000 ~ 2000 毫克，由于食盐中含有 40% 左右的钠，所以我们每天应摄入 2.5 ~ 5 克盐。然而，一项来自加拿大的研究显示，35 ~ 70 岁的人群中，有 80% 的人每日吃盐量高于 12.5 克，若在餐厅就餐，每人一顿饭摄入的钠，就远超全天的推荐摄入量！

我和我的教练第一次训练时，他说了一句吓坏我的话："你平时的饮食太重口味了，长期下来味觉已经变得麻木，尝不到食物真正的味道了，所以越吃越咸。你现在的状态，全身都是水肿。"我一下子就被击中了，因为火锅、川菜这些，就是我的最爱啊！于是训练的第一周，我开始低盐饮食，做菜几乎不放调料，全都用新鲜天然的食材来调味，一周后我的腰围和臀围就小了非常多，效果很惊人！当然，这么短时间内，不可能大幅度减重，其实就是消水肿了。

重口味饮食，或者说钠摄入量超标，究竟有多可怕呢？首先，有诱发心脏病的危险，吃盐太多会给血管壁施加压力，诱发各种心血管疾病。其次，也会伤肾，因为钠离子过高，肾脏就会负担过重，引发疾病；长期高盐饮食，患慢性肾衰的风险更高。再次，还有研究显示，长期摄盐过量，容易加速人体认知能力的退化，令人出现记忆力下降、工作效率慢等现象。对，就是变笨了。最后，就是变胖，过量的钠摄入会影响身体代谢，造成脂肪堆积、水分滞留。另外，我们都有过这样的经验，吃重口味的菜会更下饭，于是不知不觉吃得过量。所以，我们改善饮食的第一步，就是要严格限盐。

当我几年前在网上分享自己的减肥餐单的时候，很多人就说："你这样不行啊，人不吃盐会生病的。"大家可能以为，只有我们炒菜用的盐含有钠，其实，生活中很多食物都含有钠，如酱油、咸菜、加工肉制品、味精、泡面、蜜饯、饼干等，而且有很多没有咸味的蔬菜水果，其实也都含有钠，例如芹菜、茼蒿、胡萝卜、白菜、椰子、木瓜、哈密瓜等。所谓"Everything has everything"（万物皆有万物），我们只要均衡饮食，就已经能够从天然食材中摄取到足够的钠了，再加上偶尔我们会外出吃饭，更不可能一点盐都没有。

那我们常常说的清淡饮食，是什么样的呢？可能不少人都吃错了。例如，每次我跟我爸说，咱们今天吃清淡一点吧，我爸就会做一锅白粥，配炒土豆丝，或者只有一大盘青菜。每次我都哭笑不得，如果长期这么吃下去，一定会营养不良，并且也不会瘦，因为只有大量的淀粉（糖分），没有蛋白质和太多营养元素。很多人的理解可能都和我们爸妈一样：清淡 = 吃素。

真正的清淡饮食，不是让大家去做苦行僧，而是少油少盐少调料，口味清淡，最大限度地去体现食物原本的真味和保留食物的营养成分。另外烹饪方式也要注意，多采用清蒸、凉拌、白灼的方式，可以很大程度地保留住食物的营养元素。人的味觉是能够得到锻炼的，只要你能坚持一周以上的清淡饮食，相信我，你很快就能适应了，并且再吃回以前的重口味饮食都会觉得太咸。当口味变得清淡，就越来越能吃得到食物原本的味道，也更能够享受饮食本身带给你的乐趣和疗愈了。

在晚上 7 点之前吃完晚餐

晚饭吃得太晚，对我们的身体是很有危害的。首先，晚上吃得晚或吃得多，如果一身疲惫简单洗漱后就睡下了，饭后血液中的葡萄糖含量升高，没有足够的时间代谢，就会转化成脂肪，长期下来就会导致肥胖。另外，胃部被强迫加班，也会直接影响睡眠。这样不规律地吃饭，对于肠胃的伤害非常大。

研究人员分析认为，胃黏膜上皮细胞寿命很短，每 2 ~ 3 天就要更新一次，更新过程一般在夜间肠胃休息时进行，如晚饭吃得太晚，肠胃得不到休息，胃黏膜便不能得到及时修复，久而久之可能增加胃癌风险。如果常吃油炸、烧烤等食品，风险更高。

八九年前，我老公就得过一次严重的胃病，几乎每天都会间歇性地剧烈胃疼，一开始以为是胃溃疡，后来做了各种检查，才知道是胃酸分泌过多。这是什么原因导致的呢？经常吃夜宵和晚餐吃太多，我们的胃部不得不分泌过量的胃酸来消化食物，并且已经形成了习惯。但当你正常时间吃饭时，胃酸分泌依然过多，就会导致剧烈胃疼，为了缓解这种痛苦，就要不停地吃东西来抑制，也就是让你的胃持续有事情做。这就形成了恶性循环，对身体的损伤非常大。后来，医生开了中和胃酸的药，并且要求他一定要养成健康的饮食习惯，每餐八分饱，七点之后不要进食。养了一段时间，胃病就完全好了。

所以，别太晚吃饭，这真的很重要，除了有利于瘦身减肥，更重要的是对身体健康有好处。我们最佳的晚餐时间是 6 ~ 7 点，最晚不要超过 8 点，最好能保证在睡前的四个小时内不要进食，晚餐也尽量维持八分饱。不瞒你说，我在减肥的第一个月，单单是做到清淡饮食和每一餐八分饱，就瘦了三四千克。

用喜欢的方式运动，做自己的维密天使

瘦得漂亮＝减脂＋增肌

我在这一章用了大部分的篇幅讲饮食和生活习惯，只用了这一个小节讲运动，应该就能很清晰地看出两者的重要程度了！好身材，是一分练，九分吃。如果你要的只是体重减轻，那么控制饮食其实就能见效，但如果你要的是好身材，那就一定要运动。但凡我们看到的超模、明星或街上看到的身材线条非常好看的人，无一例外，一定是有运动习惯的！既然说肌肉是脂肪的熔炉，我们就先来说说肌肉的重要性吧。

我们的身体分为脂肪部分和去脂部分（骨骼、肌肉、内脏、水分），减重过程当然有可能同时减到脂肪和肌肉。脂肪过多身材不会好看，并且也会有健康隐患，也就是我们通常所说的肥胖。肌肉部分是我们希望在减肥过程中保留的，因为肌肉能让我们的身体维持一定的代谢率，帮助消耗热量，并且会拥有美好的线条。所以说"减肥"才是更正确的叫法，只减掉纯脂肪并保留肌肉才是最理想的减重。我们这里所说的减重是以"维密天使一般的完美线条"为参照的塑身。真正的好身材，一定要有漂亮的线条，而不是单纯地减掉体重数字。虽说我们不是明星，不是模特，但相信我们每个人都会被这样健康、紧致又美好的体态吸引吧！所以，在我们健康的前提下，努力去塑造理想的身材，成为更好的自己，这个才是真正的目标。

瘦得漂亮的秘诀，就是减脂和增肌。减肥的过程不仅是身材变纤细，更重要的是减少附着在内脏上的脂肪（这是看不到的部分，但对健康影响极大）。另外，很多人一直疯狂地做力量训练，但就是见不到马甲线，最大的原因就是体脂率还不够低。肌肉可能已经练出来了，但是在肌肉表面还附着一层厚厚的脂肪，这只会让你看起来壮，却没有漂亮的肌肉线条。我觉得用"五花肉"来形容再贴切不过了，就是肥肉包瘦肉。以马甲线为例，肌肉线条不是靠练出来的，而是靠减脂后"露出来"。

减脂的恒定真理

减脂的方法有两个，缺一不可，一个是合理饮食，一个是有氧运动。

我收到过很多留言："我已经去过健身房很久，但还是没有瘦。""我天天在家锻炼，但没有效果。"看了前面章节的内容，就应该了解了，减肥，控制饮食是必须的。如果还能再搭配有氧运动，像是慢跑、走路、游泳、蹬自行车、打羽毛球、跳舞等，就事半功倍了。

有氧运动起初只能燃烧身体里的糖原，20～30分钟之后糖原消耗得差不多时身体才会被迫

消耗脂肪，所以说，要进行低强度、长时间的有氧运动才能达到减脂的目的。拿我们大家最常做的有氧运动——慢跑做例子。如果要达到燃烧脂肪的目的，一定要跑30分钟以上。我在减脂期的习惯是每星期两次慢跑，速度控制在5千米/时左右，几乎是走路的速度，时间是每次45分钟。

为什么要保持这么慢的速度呢？原因是这样的运动不会过于激烈而让身体超负荷，慢跑已经足够让你的心率达到减脂要求，并且很容易做到，即使平常很少运动的人也能坚持。最重要的原因是，慢跑才不容易小腿粗啊！很多人都担心跑步会让腿变粗。有两个点很重要，第一是避免爆发力强的运动，也就是快速跑，第二就是要认真做拉伸。拉伸非常重要，它能促进运动后的肌肉恢复，增强身体的柔韧性，也会让你拥有修长柔美的肌肉线条，一定要重视起来！

肌肉是脂肪的熔炉

肌肉对我们来说是很宝贵的东西，因为它会增加我们的基础代谢率。随着年纪增长，代谢率会逐渐降低，这也就是为什么很多人过了25、30岁觉得越来越容易胖的原因。学生时代饿两顿就瘦了，但现在连喝水都胖，这就是基础代谢率低的缘故。而运动的人肌肉量较大，基础代谢率就比较高，可能吃得比你多还比你瘦，因为他消耗得更快，这就是传说中的"吃不胖身材"。我们无法逆生长，但我们可以让身体"逆生长"，也就是通过增肌来提高基础代谢率。

前面讲过单纯靠少吃很难成功减重并维持，因为当我们改变饮食习惯，摄入的热量变少时，身体会为了维持基本的功能而自动降低基础代谢率。代谢率越低就越不容易消耗掉吃进去的热量，减重就一定会停滞。而多吃了一点体重就会很快反弹。

解决这个问题的唯一方法就是：

运动增肌—提高代谢率—让身体运作正常—消耗更多热量—变瘦！

如何"增肌"呢？就是通过一系列的肌力训练来塑造肌肉。具体做什么运动，其实很难用一两句话概括，因为我相信有效的运动一定是多样的！我也相信成功减重不可能只靠单一的方法，而是要融合营养均衡的健康饮食、各种有氧和肌力训练，还有正常的作息和好的生活习惯才能真正漂亮地瘦下来。

我和我的私教每次做训练，大部分时候的运动都不一样，但我很少做过于剧烈的运动，更多是做慢速训练（slow training），顾名思义就是借由缓慢的动作持续让肌肉用力，此时肌肉处于缺氧的状态，会产生大量的乳酸囤积，进而增加肌肉量。但因为动作比较柔缓，不会让你长出大块肌肉，而是细长柔美的女性化的线条。并且这样的运动，通常会更加针对局部塑形，做的时候也完全不会觉得喘不上气，只是感觉到训练的部位很酸。这和大家对于传统运动瘦身的理解有很大的差异。一般我们都会觉得要大量流汗、上气不接下气、累瘫在地上，这样才算有运动效果。但如果当你尝试过慢速训练就会发现，"慢"比"快"更难。举例来说，快速做30个深蹲和放慢到五分之一速度做30个深蹲，一定是后者更难，肌肉更酸，也更有效果。因为这训练的是你对肌肉的控制力，让动作慢速而平缓，其实会更大程度地刺激到深层肌肉。由于训练缓速进行，受伤的风险也比较小，完全不需要负重，也能有很好的效果。例如瑜伽和普拉提，就大量运用到了慢速训练。

有不少女孩可能会担心，长时间坚持力量训练，身材会不会变得很壮，甚至男性化？这个担心是多余的。肌力训练，不会让身材变宽变壮，而会锻炼出优美紧致的线条，身材魅力指数反而会提高。因为女士体内缺乏足量的睾酮，肌肉无法不断生长，到一定限度就会陷入瓶颈。想要练出大肌肉块头的女性，除了要进行严苛的大重量抗阻力训练外，还需要足够的营养物质支撑，而且要比男性多付出 10 倍的努力才有可能实现。而一般女孩进行常规的力量训练，不可能练出"金刚芭比"的身材，但是可以很好地改善身材线条。单纯进行有氧运动瘦下来的女孩，身体肌肉量也会有所流失，身材曲线会显得比较干瘪。所以，有氧和无氧，两者缺一不可！

减肥，是学习的过程

在瘦身的过程中，不断学习和了解各种健康和运动知识非常重要，这样你才能知道怎么样管理自己的身材。网络上有关健康和运动的信息非常多，但每个人的身体状况都不一样，同一个运动不一定适合所有人，或者说不一定适合现阶段的你。例如，如果你大腿比较粗，那就找找塑造大腿线条的运动，如果胳膊比较壮，那就需要知道哪些运动需要避免，如果你想练腹肌、"人鱼线"，起码要知道平板支撑和卷腹是什么。我一直都相信，有了学习和了解的过程，才能帮助你真正做好一件事，而不是短暂地盲从。

另外，我几乎不会做额外的重量训练，加重量的目的就是让肌肉变粗变大，我们要的是细长的线条而不是突起的大的肌肉块，这也就是女生们对于运动会使人变壮的担心。每次在健身房见到有些女生大量举哑铃我都会替她捏把汗，要做重量训练不是不行，而是一定要在专业教练的指导下进行，并且要严格控制饮食。

还是那句，我们自己需要具备一些健身和健康的知识，起码要知道自己为什么做重量训练。当然每个人对于好身材的定义不一样，可能大腿侧面的视觉宽度只有 1 厘米的差距，但有时做了对的运动围度就会小一厘米，线条就会看起来更修长。

我常年坚持做的几种运动

多走路

走路对于我们每个人来说都毫无难度，是随时可以入门的运动。它能改善心肺功能，还能很好地锻炼到臀腿的肌群，如果你想增加一点运动强度，也可以尝试快走，走到心跳有微微加快就可以了，这就是一个很有效的有氧运动。如果可以的话，请多在户外走走，而不是仅仅局限在健身房的跑步机上。走路也是每个专业健身教练都会建议你做的运动，可以说是只有益处，而几乎不会有运动伤害风险。

平板支撑

平板支撑，可以说是锻炼核心肌群最好的运动。核心肌群包括身体的下背肌、腰、臀部肌群，是连接上半身跟下半身的纽带。健身的人知道核心肌群的重要性，自身的核心力量强弱与否，关系着你的身体健康与运动表现力。平板支撑还可以改善我们的腰肌劳损、腰酸背疼的状况，当然也能够提高身体的基础代谢，促进燃脂效率。

核心肌群比较强的人，在运动的过程中也不容易受伤。核心力量比较差的人，平板支撑坚持到 30 秒左右的时候，身体就会开始发抖，这个时候如果你再多坚持 10 秒以上，对核心肌群就能起到锻炼作用。每天坚持一组平板支撑训练，一段时间后，你的核心力量就会有所强化。

可以先给自己定一个一分钟的小目标，逐渐再往两分钟进发。但是要记住，动作标准，要比时间长重要得多。建议可以在有镜子的情况下纠正自己的姿势。在肌肉力量较弱时，可选择简单的姿势。正如其他健身动作一样，姿势正确的重要性，远远超过大重量高难度的效果。总之，平板支撑是肯定练不出六块腹肌的，但它带给身体的好处是外表上不能察觉出的稳定性。

瑜伽

说起瑜伽，许多人都不陌生。它是起源于印度的一种古老的修炼方法。自1960年瑜伽在西方以及全世界流行以来，它已经成为很多人修身养性、锻炼健身的一种方式。

练习瑜伽有种种益处，包括加速身体的新陈代谢，去除体内废物，增强身体力量和肌体弹性，让身体四肢均衡发展。瑜伽还能预防和治疗各种与身心相关的疾病，如背痛、肩颈痛、关节痛、失眠、消化系统紊乱等。还能调节全身系统、改善血液循环、促进内分泌平衡、缓解压力、释放身心，达到修炼身心的目的。有时，我会刻意在早晨5点多起床，然后参加6点的瑜伽班。虽然早起的一瞬间，还是会有点挣扎，尤其是冬天，不想离开温暖的被窝。但只要坚持起来，做完45分钟的瑜伽，整个身心都觉得舒畅了，一整天的工作状态都会变好。

瑜伽之所以在现今影响着全世界，正是因为它和普通的运动不一样。有意识的呼吸、身心放松、不急不躁、缓慢轻盈是瑜伽练习的基本要求。它并不像其他的运动仅仅是身体外部的锻炼，而是能使人心平气和，是使身体、心灵和灵魂合一的锻炼。有趣的是，很多数据说明，坚持做瑜伽锻炼，能让人保持大脑清醒，使人变得更乐观、积极和有更强的幸福感，甚至能改善抑郁症。

但是瑜伽和任何运动一样，虽然益处很多，但过分或者应用不当，都会带来风险。所以如果想要进行瑜伽锻炼，最好还是在专业教练的指导下进行，让这项运动安全且有效。

俯卧撑

我心中第一名的运动类别，就是俯卧撑，单做这一项，就足以让你的上半身线条，尤其是胸部重获新生。俯卧撑除了能够锻炼胸大肌和周边肌群，还可以锻炼肩、背、手臂、核心肌群，可以说从臀部往上整个上半身都可以照顾到，你的锁骨会出现，肩膀线条会变漂亮，连双下巴都会消失！绝对可以说是对于男性和女性最好的运动，没有之一。很多女孩可能会说："我一个都做不起来怎么办？"因为平时没怎么练过胸肌，整个肌群都很弱，当然没力气。没关系，运动需要循序渐进，慢慢练习。

以下介绍几种不同的俯卧撑，帮助运动新手们从 0 到 1 锻炼上半身线条。

（1）推墙俯卧撑（无基础版）

这是最容易的俯卧撑，对运动基础完全没要求，就算是几乎没有运动过的女生都做得来。非常简单，就是把墙当作地面来做俯卧撑。双手比肩稍宽，做的时候背部保持挺直，沉肩下压，尽量压低，感觉胸肌被拉扯，再发力推起来。记得，动作要保持缓慢。

一开始以 20 个为一组，间隔休息一分钟，连做三组。坚持三天，你就可以进入下一个阶段了。

（2）跪式俯卧撑（所有女性都适用的初级版）

相对于普通的俯卧撑，膝盖着地多了一个支撑点，会容易很多。指尖朝前，双手不要打开过宽，因为过宽时主要练到的是手臂，而不是胸部。下弯的时候手肘向后，尽量贴近身体，一开始你会发现很难压到很低，原因是胸肌太弱。不过没关系，能弯到哪里就到哪里，循序渐进。这个动作锻炼的是胸大肌中缝，也就是帮助女性塑造紧实胸部线条的重要部分。这个动作还可以锻炼到肱三头肌，就是大家平时说的蝴蝶袖。

10个为一组，分为三天练，第一次做3组，第二次做4组，第三次做5组。每一次都要间隔一天再做，间隔的这一天中可以做做慢跑、走路或者瑜伽这类舒缓一点的运动，要让刚刚练过的肌肉休息恢复。这三次之后你就会发现你已经做得很标准了。

（3）普通俯卧撑（进化为完美胸部和肩颈的终级版）

其实对于男性来讲，这是初级的俯卧撑，但对于女性来说，塑造上半身线条已经足够。经过了前两个阶段的练习，现在你应该已经有一定的肌力和耐力了！身体放平，腰不要下沉也不要拱起，腹部收紧，手的间距比肩宽，但不要过宽。这个动作几乎可以运用到上半身所有的肌肉，尤其是胸部周围的肌肉，肩膀、手臂、背部都会变瘦，连脖子都会变细。如同前面的几次练习，如果一开始不能压到很低，也不用着急，尽量做到自己的极限，慢慢调整。

以10个为一组，一周抽出两天练，第一次做5组，第二次做6组。再之后的一周可以加到一次10组。但每一次练习中间都要至少间隔两天。第三周过后，就不再需要这样密集的练习了，以后每个月练习两次，每次100个就好。

现在看来，你一定会觉得100这个数字很惊人，但经过几次密集的训练之后，整个上半身的体态和身型会有巨大的改变。不仅胸部、肩颈、手臂的线条有改善，还能变成真正意义上有质感的好身材！

四句小叮咛

第一，期待通过饮食来减肥或者改善健康状况，就要改变与食物的关系。很多人要么节食，要么暴饮暴食，要么把食物作为一种惩罚或奖励，这都不是最健康的关系。我们要记得，食物是用来疗愈我们的。我们的身体更渴望的是营养，而不是垃圾食品。与食物建立一个好的联系，每次吃饭之前，在心中说句谢谢吧。

第二，身体健康，就是健康的生活方式的结果。如果对自己的身体状况不满意，那就打破现有的生活方式，尝试改变吧。瘦，不是结果，它只是健康的附加值。

第三，就算真的搞砸了也没关系，重新开始就好。有很多人，会在改变饮食和减肥的路上遭遇挫折和失败。"我可能永远不会瘦下来了吧。""算了，就继续放纵地吃吧。"……人们自暴自弃，把此刻的自己当成了人生的终点。但如果你愿意冲破思维的惯性，转念想想，为什么不把跌倒的一刻当作起点呢？重新开始就好啊！

第四，想要减肥成功，请先接纳自己。当你厌恶自己的身体时，是很难成功减重的，因为你不接受完整的自己。与内心搏斗、纠缠、反抗，经历无数次的坚持，失败，再坚持，努力，受挫……卡尔·荣格说过："对于普通人来说，一生最重要的功课就是学会接受不完美的自己。"当你了解，这样的你就是原本的你、真实的你、完整的你，观照自己的内心，慢慢练习着去接受你的全部，在这样的前提下，你才能由内而外变得更美好。

PART 6

具备成长力，
美好全面升级

具备成长力，
才是由内到外地变美

你怎么理解"变美"？

是外貌的改变，会化妆、会打扮、皮肤好？

或是自信、具备独特的气质、有魅力？

还是温柔、和善、坚定？

我理解的变美，它不仅是一个结果，而是一个动态的过程，重点在于"变"。

如果把"美"理解成为我们希望达到的终点、自己向往成为的样子，那么"变"，说的是变得更美、更好、更包容、更自由、更开阔、更坚定……让自己达成这样的变化和成长的过程。这是一种思维和认知上的转变，而这样的转变会直接影响你是否能真正地达成目标，过上想要的人生，也就是取决于你如何去定义"变美"这件事。

例如，如果你理解的"美"的终点，是变成一张完美的脸，或是像某明星一样，那么也许整形可以帮你达成。先不说这件事的风险，如果这是美的目标，那可能很快就走到头，没有更好的空间了，于是，就会带来更多的痛苦和焦虑，因为总会有长得更好看的人呀！

把这个例子用来理解金钱、财富也是一样的，如果你的目标是赚 100 万，你的工作、生活、学习、努力全都是为了 100 万。当你达成之后，可能也会更加焦虑和痛苦，因为以钱为目标的话，总会有人比你更有钱。

但是换一个思路，如果我们的目标，是为了让自己变得更好（当然这也包括了美的各种含义），你为了这个目标而努力。比如，我本来不太会化妆，通过学习和练习，我画得比以前更好了。我本来不太会游泳，通过学习和练习，我游得更好了，同时还更瘦、更健康了。我本来不太会沟通和表达，在众人面前说话会紧张，通过学习和练习，我现在可以很清晰地、自信地表达自己了。哪怕是再小的事，只要你今天比昨天做得好，今年比去年做得好，那就是成长！因为你对比的对象是你自己，这也正说明你走在"变"这条路上。这种思维，是自由的，因为你的前方有无限的、宽阔的道路，你的人生会充满无尽的希望，你可以不断变得更好，这件事没有尽头，没有"天花板"。

什么是真正的美?

就是成为一个更好的自己，散发好的能量，让别人想要靠近你。所以，这是我理解的，广义的"变美"，而这种持续成长的力量，我称之为"成长力"。我认为这是我们生活中、人生道路上最重要的力量。

这是一种内驱力，也许是一种无意识的力量，但会实实在在地唤醒我们，给我们带来不断的暗示，让我们自发地去做对我们自身有益的事。有了这股力量，我们会发现生活中所有的事情都不再困难了，坚持读书不困难，坚持运动不困难，坚持学习不困难，因为我们深深地知道，这件事只和自己有关，是为了自己好，为了让自己成长，所以自觉自愿，并且乐在其中。

分享一下我身边的故事吧。

我爸爸是一个四十几年的老烟民，平均每天两包烟，四十岁时患上了糖尿病。抽烟这件事，全家人多年来无论怎么劝说都没用，因为我爸有自己的一套逻辑，他不觉得抽烟这件事真的会给自己带来很多伤害。直到我女儿柚子出生，每次我爸要抽烟的时候，都会自觉到院子里，尽量让家里不要残留二手烟。再后来，柚子一岁多会说话了，她看到姥爷抽烟的时候，就会做出一副嫌弃的表情说："姥爷你又抽烟，烦死了！"在我们听来，这是特别可爱的童言童语，但在姥爷听来，可能触动他的内心了。

时间过去了没多久，有一天我爸突然自己决定要戒烟，然后第二天开始，就真的再也没有抽过一根烟，到今天他已经戒烟三年，连酒都很少再碰了，体重和体脂也已经下降到正常水平，身体的各项指标也都有了很大改善。我想，正是因为柚子的话触动到他了，让他反思自己抽烟这件事，不仅危害健康，更没有在外孙女面前树立一个榜样。他希望自己成为更好的姥爷，成为让外孙女想要接近的、向往的样子。而这些，正是源于爱。爱的力量，让他深刻反思，也深深了解到"戒烟"能让他自己变得更好。这就是一种内驱力。

再说说小柚子吃饭这件事吧，她和很多个孩子一样，会挑食、不专心吃饭、爱吃冰淇淋和巧克力。家人都特别发愁，孩子不好好吃饭怎么办？这也应该是无数家庭的困扰吧。后来，我做了一件事，就是不断地跟柚子讲解，食物是如何给我们带来营养，而这些营养对我们是多么重要，我们的消化系统是如何运作的，我们的细胞怎样对抗外界病毒，小朋友是怎么长高的……有时候甚至融入一些小游戏，我和爸爸假扮成吃进去的食物，柚子来扮演胃里的小船接住食物，然后进行一系列的消化程序。

她特别爱这个游戏，也爱上吃鱼肉、鸡蛋和各种蔬菜。因为她明白了，吃东西，只和自己有关，这是为了让她自己吸收营养，让身体变得更健康、更强大。柚子今年四岁，但你要相信，四岁的孩子已经可以明白自己与这个世界的连接，而这个连接，就会帮她塑造自驱力，也就是成长力。

所以，具备成长力，对于每一个人来说，都很重要，也很珍贵。在成长力的驱动下不断地提升，不断地向上走，这时我们就会自然地、由内而外地散发魅力和自信，这样的自信，是坚定的、有感染力的，因为你心中非常清楚地知道，我是谁、我在做什么、我要去哪里，也知道只要我一步步踏实地走，一定会达成我要的目标，成为我向往的样子。

没钱，
有资格谈梦想吗？

我的很多学生觉得我的故事很励志，从金融专业的"学渣"，逆袭成登上国际四大时装周的化妆师。她们从这个故事中看到了希望，也获得了力量。那我们来聊聊这个看似"鸡汤"，却让每个人都向往的东西——梦想。

你的梦想是什么？

可能不少人会回答："我要1000万！我要住豪宅！开豪车！我要名牌包！我要当老板！财富自由！环游世界！35岁退休！……"

这个算是梦想吗？不是。这只是你人生中的一个目标，更确切地说，这是物质欲望。以上这些可能实现吗？绝对可能，但这也许只是你梦想实现的附加值。对物质有追求，本身是没有错的，生活在这个物质世界，绝大多数人对生活质量都有要求，这是好事。可是，需要搞清楚目标与梦想的区别。

目标：是你短期能看到的一个方向定位，通过努力达成之后，就画上了一个句点。然后需要建立更大更有挑战的目标，同样，继续去提升自己，努力去实现，达成之后，继续前进。这就像是爬山，需要一个一个山峰去征服，有清晰的方向。是无数个阶段式的进程。

梦想：比目标更大、更有意义，也更有难度。这往往不是一件复杂的事，但它能带给你长久的、丰盈的快乐和成就感，只要是在做这件事，就觉得高兴，内心会感到被一股洪流带领着，甚至忘记了周围的环境和时间，能够沉浸在里面。这是你真正的热情所在，真正有生命力的所在，能让你有勇气为之付出，不受外界干扰。

打个比方吧，如果十年前刚刚准备辞职的我，心中有两个目标：
① 我想成为化妆师，我热爱化妆。
② 我要靠化妆赚 500 万。

你觉得，是哪一条促使我成为了今天的我呢？它们的区别是什么？

一个是因（To be），一个是果（To have），中间还有一个很长的过程，叫作行动（To do）。

就是最开始所说的
"To be — To do — To have"（成为—行动—拥有）。

记住，你投入精力的事情，一定会放大。关注什么，什么就会涌入我们的世界。就像我刚入行时，因为热爱时尚，每天把大量的注意力放在钻研化妆和学习大量时尚趋势资料上，我的美感积累就得到了提升，后来遇到了参赛机会，还认识了我的老师。我愿把它称为"宇宙规律"！如果你有喜欢的、热爱的事，那就花时间去关注、去学习、去思考、去研究，它一定会在你的生命中放大。如果还没放大，那就是你还不够投入。

我最常听到的话就是："谈梦想太奢侈了。""经济条件不够好的人，没资格谈梦想。""先把自己养活了，再来聊梦想吧。""梦想一定是不赚钱的，我还是好好上班吧。"……

请问，是谁跟你说梦想很贵啊？是谁跟你说，没钱的时候不配有梦想？这些全都是社会的惯性，是我们从小到大受到的教育和影响，给我们植入了这样的观念，所以我们从未质疑过，就深信不疑了，结果切断了很多实现的可能性。小心，不要让自己陷入社会的惯性。

我当初在办公室做小会计，辞职的时候连下个月的房租都不知道在哪里，接不到工作的时候，窝在被子里哭……所以，我就不配热爱化妆了吗？我就不能继续实现做化妆师的梦想吗？

那时候我问过自己，如果化妆这件事，真的不赚钱，就完全当作做公益，那么我还能感受到快乐吗？我还喜欢化妆吗？答案是，是的，我仍然热爱化妆！我仍然能感受到快乐！这个，就是我的梦想。它从不因其他困难和外在因素而动摇。有人又要说："别扯了！你不赚钱怎么活，怎么继续追寻梦想？"别急，后面有答案。

当然，你也可以把物质设定为你的目标，但是，这很难让你获得真正发自内心的、长久的快乐。当一个物质欲望被实现，所获得的快乐是短暂的，因为你很快就会有下一个更大的物质欲望。住了大房子，就要配高档家具，然后就要配好车、古董和名画。这是一个永远无法被填满的黑洞。所以物质，没办法让你发自内心、真正地幸福。以追求物质为人生目标，可能还会带来无尽的痛苦，因为"对比"，因为"求而不得"。我也是到了30岁之后，才越来越有一种体会：幸福，其实是一种可以被锻炼的能力。重要的不是追求幸福或拥有幸福，而是具备感知幸福的能力。

钱，本身没有错，喜欢钱，也很正常！我们都没有圣人的高度，我们总还是会被世俗的东西吸引和牵绊。但是钱和梦想，真的没有太大关系。钱只是我们用作交换的工具，只是生活在这个物质世界的其中一个规则。真正有价值和意义的，不是钱，而是你自己呀！

我相信，物质，是你实现梦想的附加值。如果你在某个擅长的领域做得足够好，足够热爱、认真、坚持，自然会带来财富。如果你的工作和各方面能力足够出色，自然会带来财富。如果你勇于突破舒适区，不断成长和学习，不断进步，自然会带来财富。所以这说明什么？让自己不断变得更好，才是帮助你突破困境和实现理想的关键！

当然，可能也有人觉得，我就是没有什么大的梦想啊，有稳定的工作，能养活自己，偶尔旅旅游、买买自己喜欢的东西，这就可以了。或者说，我就是愿意做条"咸鱼"啊，我就是愿意每天躺着打游戏啊，我过得很舒服，这有什么问题吗？

当然可以，这都是你自己的选择，每个人的选择都值得被尊重。你要过什么样的生活，你都有权决定。最关键的是，你得知道，这是不是你真正想要的。如果你每天躺着打游戏，能获得无限的快乐和成就感，那就真的没问题。打游戏也有打出世界冠军的呀！

但如果你过得很拧巴，对自己特别不满意，非常想改变，心里有个声音一直在告诉你，这不是你想要的人生。那么以上，就是说给你听的。最重要的就是，先停止抱怨和对自己的批判。

也有人会困扰："我都不知道自己真正想要什么，也不知道自己擅长什么，能做什么。""我没有天赋，没有别人聪明，我可能做不到。"这些都是"自我认知"需要提升了。什么是自我认知，就是对你自己的了解。这是我们人生中最重要的功课之一，说得简单一点，就是"有自知之明"。

如果只能做一件事，
那就是提高自我认知

亚里士多德说过："人类最大的智慧不是了解他人，而是真正地了解自己。了解自己、认识自己、控制自己，以调节自己的行动，更好地适应环境。"

足够地认识自己，了解自己，有较为准确的自我觉察和自我评价，也是一个人走向成熟的标志。我们每个人的成长过程中，几乎所有的自我认知，都是来源于父母、家人、学校、周遭环境。这些对自己建立的认知，不一定准确，甚至可能有比较大的偏差。所以在成年之后，我们最需要做的一件事，就是养成批判性的思维，打破固有的思维，通过观察世界、观察自己，来达成进一步的成长和改变。

我们常常会听到"三观"这个词。三观指的是世界观、价值观、人生观，达成所谓"很正的三观"的重要基础，就是要有准确的自我认知。自我认知，是一个人对自己情绪、行为、信念、价值感等方面的深入和完整的了解，也就是一种清晰地认识自我的意愿和能力。

自我认知究竟能带来什么？

你有没有过这样的状态？每天毫无目的，不知道自己忙忙碌碌地在干什么，看似很努力，但总是没有什么成效？一年到头都在忙着工作、社交、学习，但貌似都没有什么明显的提高？觉得自己的能力值得五万月薪，但为什么老板只愿给你五千？觉得自己既热心又善良，经常给同事帮忙，但自己人缘并没有很好？觉得自己在感情中认真付出，但恋爱也谈得不顺利……

以上这些，全都是因为自我认知有偏差，也就是你所以为的你，不是真实的你。我们把注意力总是放在与别人的关系上，但却忽略了一种人际关系，就是自己与自己的关系，这其实是所有关系中最重要的。

增强意义感

大到人生的意义，想过什么样的生活，有什么样的愿景；小到每天的生活、学习、工作、每一件小事，你都要清楚地知道背后对于自己的意义是什么。比如你觉得自己缺乏沟通能力，那就进行一个系统的学习，在这个过程中，不需要有人推动你，因为你自己深知，这对于你的意义是什么，也知道完成这个过程后，自己会获得什么。再比如，你决定要改善自己的饮食并开始运动，而且你明白，这不是为了跟随潮流或者跟谁比较，而是为了让自己更加健康。有了这样的意义感，你才会清楚地知道，我要什么、我在做什么、我能达成什么。在找到意义感的前提下，你甚至不需要过度调动你的意志力，就能开始并坚持行动了，也就是说，改变自己、达成目标不用那么费力了。

更有方向感

如果你在陌生的城市自驾游，没有地图、导航，只凭自己的感觉乱开车，随便找一条路走，那么你能到达目的地的概率有多大呢？提升认知，就是要清楚地知道自己的目标和追求是什么，了解自己喜欢什么、热爱什么、擅长什么，那么对于未来的生活工作，甚至是整个人生的规划，都会变得清晰起来。

提升自信

自信是什么？是无条件地相信自己？还是无论现状如何，都盲目地觉得自己很厉害？是每天给自己"打鸡血"、喊口号吗？都不是。真正的自信来源于内心的笃定，就是我很清楚自己是什么样的，包括优点和缺点，我也全然地接纳自己。我会时常反思，也知道只要我通过一系列的学习和努力，脚踏实地一步一步地走，就能克服问题、达成目标、变得更优秀。这一路上，不紧张不怀疑不惧怕，自信就是这样的一种笃定。而这种笃定，就来源于对自己的高度认知。

减少焦虑

焦虑，来源于"急于求成"。你给每日的待办清单写下 10 件事，结果能真正完成的连 5 件事都不到。又给自己定下了每年读 100 本书的目标，但每次都是读到第一章就读不下去了。看到身边的人都在参加各种在线课程提升自己，你也跟着去报名，但买了就存在电脑里，根本没空看。看到别人过得很自律，你也决定每天早晨五点起床，但却总是因为第二天早上要早起，前一天晚上就开始焦虑到睡不着觉，结果起床晚了，又产生了焦虑和内疚感。这些说的是你吗？

归根结底，是我们想同时做很多事，但又想立即看到效果，不想等待和忍耐过程。焦虑的本质其实就是自己的欲望大过于能力，又缺乏耐心、想走捷径，可是会发现其实根本无捷径可走，结果就造成焦虑、懊恼、自责、自尊感降低。然后再次制订目标、列出人生清单，还是不能完成，自尊感再次降低……由此成为一个恶性循环。

所以我们才需要提高认知，你得知道真正想要什么、需要什么、目标在哪里、怎么做到、如何坚持、做到后会带来什么。拥有意义感、明确目标、认真专注，然后脚踏实地地把每一步走好，焦虑自然就会减少。

更有安全感

自我认知程度高，你对自己会有足够的了解，不仅包括自己的优势，还有不足。你会清楚地知道生活中出现问题或挫折的时候，是哪些具体因素对事情产生了影响。例如，在工作当中和同事之间出现一些小问题，你会意识到，是自己的表达力不够好，才产生了沟通当中的误解，只需要再找对方进行一次更清晰的沟通或解释就好。而不是每次发生小问题就自我怀疑，觉得是不是大家都排挤你、不喜欢你，反而给自己"加戏"，之后更不敢去表达自己了。像这样的状况如果发生得多，是很难在人际关系中有安全感的。

更好地爱自己

只有自我认知程度高，才能真正地"爱自己"。可能很多人都误解了爱自己的意思，并不是说舍得给自己花钱，比如吃好的，多买化妆品、名牌包，这些就叫爱自己。而是，你清楚地知道怎样才能让自己变得更好、更强大。例如，吃更好更健康的食物，作息更规律，多读书，多学习和提升自己，除工作外也给自己安排一些安静的、属于自己的时间，提醒自己要时刻关注自己，保持感恩，别被过多的负面情绪影响。这些都是在照顾自己，也是更好地爱自己。虽然你知道自己有缺点，但仍全然地接纳自己，就不会时刻感到挫败了。

我们应如何提升自我认知？

在商业圈子里，这两年有句特别流行的话："你永远赚不到认知以外的钱。"如果换作更宏观的角度，也可以说是："你永远看不到你认知以外的世界。"认知方式决定了我们如何看待这个世界，以及世界的广阔程度，相对较高的认知方式就能让我们保持与世界同步。那我们具体应该如何去提高认知水平呢？

多读书

读书，是门槛最低、最简单的自我投资方式。一本书花不了多少钱，读完一本书也花不了很多时间，但读书，会帮我们打开很多不同的视角来认识这个世界，能让我们用最精简的方式去了解不同的知识系统，还能让我们穿越时空和很多伟大的人"对话"，例如孔子、老子、爱因斯坦。还有什么，比这样的方式更划算呢？

学会复盘，深度思考

只会读书还不够，我们要学习复盘和深度思考。看书，我们不能只停留在"看懂了"，如果缺少思考，就没办法应用，这就陷入了"死读书，读死书"的困境了。读书的价值，就在于思考和应用。例如，我们读了一本关于专注工作的书，如果你只是觉得赞同，没有后续，那这本书就相当于白看了。知道，但不做，等于不知道。

如果你能结合自身状况，去做深度思考："我有哪方面做得不够好？哪些事不专注？是什么原因干扰我、造成分心？我有什么方法可以更加专注？有什么具体的行动计划？"在实施计划的期间，坚持多做复盘，总结自己的行动，有什么做得对、做得好，又有什么做得不对、做得不好，分析原因，总结改进方法，然后再付诸行动，如此循环。如此才能真正得到提高，人才能真正实现成长。

坚持复盘，还能帮助我们正确认识自己，人们痛苦的来源往往都是对自己没有一个清晰的定位，有时高估自己，有时低估自己。我们要接受真实的自我，接受自己可以不完美，接受自己的不良情绪，像照顾一个孩子一样，照顾内在的自己。学会接纳，能减少很多焦虑，然后让我们正面、平和、脚踏实地地按照计划，一步一步地走，坚定地前行。

走出舒适区，迈入拉伸区

我们以往对于"舒适区"的理解，都对应着它的极端反面"困难区"，很多人只要说到走出舒适区，就希望自己一夜之间能进入困难区，去挑战自己的极限，完成不可能的任务。一般迎来的结果都是失败。例如，你决定开始运动，平时从没有运动习惯的你，第一天就直接来个五千米跑，或者100个仰卧起坐，换来的，一定就是第二天严重的肌肉酸痛，甚至可能要平躺休养一个礼拜。你的内心还会非常受挫，觉得自己果然没办法坚持运动，"运动好难，我不行，我不配"，不断地打击自己的自尊，最后就是放弃。

但我们没有注意到，从舒适区走到困难区，中间还有一段很长的路，叫作"拉伸区"。这个拉伸区，比舒适区要更困难、更有挑战一些，但又比真正的困难区更简单。在这个区域，你留给自己充足的时间和空间，一步一步地往前走，今天比昨天进步一点，明天又比今天进步一点。有句老话说得很到位："选择踮起脚尖能摘到的苹果。"是啊，踮起脚尖，确实比你站着不动要费劲一点，但却是你稍微努力一点就能做到的事。

我们都知道，"不能一口吃成个胖子"，这也就是循序渐进的道理。人们想要一步到位，直接挑战最高难度，那是因为缺乏耐心、急于求成。但这样终究是不可能的啊！我们需要给自己成长的空间和可能性，让自己走出舒适区、经过拉伸区，再进入困难区，等到我们的能力增长起来，困难区变成了舒适区，就像你能很轻松地跑5千米，一点都不难受，甚至还很享受。那就是时候挑战6千米，迎来新的拉伸区了。贸然进入困难区，一定会让你受挫，而始终停在舒适区，会让自己停滞、一无所获，那我们就学习着在舒适区的边缘努力，收获的信心也会完全不同。

上小学的时候，我们学过一个成语——水滴石穿，意思是，小小的水滴不停地滴在石头上，长年累月可以滴穿石头，说的就是坚持不懈，用细小的力量来成就难能的功劳。耐心，才是成就你的加速器。分享我特别喜欢的一句话：

缓步前行，但绝不后退！

与优秀的人为伍

近朱者赤，近墨者黑。自古以来，我们就深知圈子的重要性，人际环境对我们的影响太大了。现实生活中，你和谁在一起的确非常重要。人是很容易接受暗示的动物，积极的暗示会对人产生正面的良好影响，消极的暗示可能会让你逐渐颓废、消耗你的能量。长时间和什么人在一起，就会有什么样的人生。如果你身边的人都很勤奋，你就不会懒惰，如果你身边的人很积极乐观，你就不会那么容易消沉。与更优秀的人在一起，不是简单地去模仿他们，而是去学习优秀的人的思维方式，学他们如何思考，如何看待人和事物，如何处理事情，如何让自己成长，这些才是我们真正要学习的东西，也正是这些能给我们带来长久的影响。

你的生活中有没有这样的人，你总是想要靠近他，想和他多交流，愿意听他的意见？和他的相处，总带给你启发，让你看到自己的不足，让你想变得更优秀。那这个人就是你的"贵人"了，不是说可以帮助你飞黄腾达，而是成为你的一面镜子，让你更加了解自己，也激发出你想要更努力、变得更好的渴望。优秀的人会自带光，走到哪里都把周围照亮，多和这样的人在一起，你会受益匪浅，迎来更多的成长。这个过程本身，就是你的自我认知在发生变化了。

眼高手低,
才是最好的学习状态

    我在开始写这本书之前,构思了很久,我不想写一本只与化妆相关的书。因为我相信,化妆对我们来说,带来的改变不仅仅是外在的。就像我所希望的,这本书给你带来的,也不只是一些化妆技巧。我想聊聊关于学习状态、人生成长的事。

我们的一生，每时每刻都面临着学习和成长。终身成长，也一直是蕊姐美妆学院所坚持的信念。

学习，是一辈子的事。说到成长，我们人生每个阶段的成长所指的都不仅仅是生理层面的成长，更多时候，说的是你的学识、人生阅历、经验的积累和心态的变化，以及心灵层面丰富程度的增加。

在我近十年的教学工作中，学生提出的最多的困惑，其实都不是化妆技法上的，而是方向上的。大家在学化妆的过程中（或者其他领域的学习过程中）常常觉得好难，其实让你觉得难的，都不是技法。技法，往往可以通过练习去提高。真正会让大家觉得困难的，是找准方向。不确定自己处在什么样的位置，对如何学习、进步、提升感到迷茫，也不知道自己前进的方向在哪里，目标怎么去设定，自己努力的方式对不对。

为我们指引方向的到底是什么呢？

总结下来，就是"眼界"。眼界的高低，远比技巧和专业能力重要得多。眼界就像是你规划人生蓝图的指引，是你人生这部戏的总导演。想象一下，如果导演不够好，水平低，那有可能拍出一部好电影吗？所以，我们的成长，有两个核心的东西——眼界和能力。

有个词叫"眼高手低"，大家通常把它当作一个贬义词和一种批评，形容一个人没什么能力，却好高骛远，不够踏实。但这个词，还可以有另一种理解。每一年，我都会带一届弟子班（时尚大师美学院），每一届培养 30 个化妆师。弟子班的课程设置中，最重要的就是开阔眼界。我会反复跟学生们强调，我们在学习的过程中，要保持"眼高手低"。

这里的"眼"，指的就是你的眼界和标准，"手"，说的就是你的能力。人的成长阶段，大体分为四个：我们会从"眼低手低"，到"眼高手低"，然后再到"眼高手高"，最后到"眼低手高"。

 ## 眼低手低

这个阶段多数是我们的小时候，即学生阶段。这时的我们几乎大部分的时间都在校园里度过，没什么真正的社会经验，说白了就是还没见过世面。还不知道什么是真正的好、真正的厉害。因为还处于学习的起步阶段，各方面的社会能力和专业能力也比较低，眼界低，能力也低。

这个阶段，我们需要做的，一方面是提高自己的能力，包括知识的学习、专业技能的提高、经验的积累，还有社会技能，例如沟通能力、抗压能力、与团队协作能力等的提高。提高能力，在第一阶段处于首要位置。另一方面，是要尽可能地提高自己的眼界，多看看好的东西，多接触优秀的人。

 ## 眼高手低

这个阶段说的是，你涨了见识，见过世面了，知道什么才是真的好、真正的优秀，知道一个领域里的顶尖高手是什么样。你才知道，哦，原来"厉害"的标准是这样的，原来真正的大师是这样做的。

你的标准提高了，看待事情的角度不一样了，即使你目前可能还做得不够好，但你已经开始有了自己的准则和判断，知道什么是好或者不好了。

眼高手低，我认为是教育的最重要的阶段。教育者的重要目标，就是把学生

从眼低手低，培养成眼高手低。例如大学生在校园里进行四年的学习，如果能从眼低手低，转变成眼高手低，然后进入社会之后很长一段时间，都能够保持在眼高手低的阶段，这就是一个非常好的教育成果了。这时候，你的眼界提高了，你有了美好的向往，你的标准和要求就会不一样，随后的方向和行动也会不一样。你有了想靠近的榜样，会不断地向更好的目标前行。所以眼高手低，怎么可能是贬义词呢？它应该是一个最好的学习阶段呀。

我在过去的几年中，给国内外一些化妆学校做过培训顾问，我发现教育机构，最大的一个问题就是将教学重点只放在"方法、步骤、技巧"上，而基本没有放在"开阔眼界"上。比如，老师们在教化妆的时候，都是按照统一的标准教案进行教学，如什么叫粉底，什么叫遮瑕，什么叫眼影，画底妆的步骤是什么，画眼影的步骤是什么……

接下来呢，学生就照搬步骤，按照同一个标准答案来执行，符合标准答案的就通过，不符合就照着模板接着练。所以你会发现，化妆学校培养出的很多学生，到了之后就业的时候，全都是按照一个"标准模板"去化妆的。画出来谈不上难看，但是也谈不上有美感，就只是标准、普通而已。

为什么会这样呢？我想可能很多人都没想过这个问题。原因就在于化妆学校没有帮助学生做到"眼高"，学生的眼界没得到足够的提高，所以化妆标准就不高，学出来的结果就是"平庸"。

我在化妆行业这些年，在国内外认识了很多一流的化妆大师，他们极少是从化妆学校出来的。但是有一点是一样的，他们都曾经跟过一个好老师，一个真正顶尖的大师或艺术家，一个能够彻底改变他的榜样。经过在老师身边深度地学习和积累，迅速成长。这是为什么呢？因为在短短的几年里，他的学习榜样是好的，甚至是行业的"天花板"。我自己的学习路径，是以上两种都经历过，所以我的体会非常深。

我曾经在我师父雷·莫里斯身边学习了三年多的时间，她是澳大利亚数一数二的时尚化妆师，在国际时尚美妆领域也极具影响力。我在她身边做了三年多的全职助理，虽然从来都没拿过工资，但对我来说收获价值百万！

因为我每天见到的，都是顶级的化妆师、发型师、摄影师、造型师和模特。这让我知道了，时尚产业里各行各业的最高标准应该是什么样的，走在行业顶端的人，都是如何工作的，他们成功背后的核心原因是什么。可以说，那三年里，我每一天都是被颠覆和震撼的。那段时间里的成长，说是飞速一点儿也不为过。

从一开始认识雷，她就告诉我：好的化妆师，就应该具备一双能看到美的眼睛。你向别人展现的，不是你的技巧，而是你知道"美"是什么样的。世界上的化妆师有那么多，谁不能画出一个干净的眼妆？谁不能画出一条顺滑平整的

化妆的哲学
改变人生的美妆秘籍

眼线？谁不会运用五颜六色的色彩呢？可是能够在行业内引领大家的，却永远是极少数人。因为技巧其实不难，难的是美感和作品背后蕴含的深厚的思想。

这说的不就是同一个道理吗？一个行业内真正最看中的，往往不是"手高"，而是"眼高"。所以，当我在十年后的今天，有机会帮助美妆教育产业的时候，我想告诉他们，培养学生的"眼高"有多么重要！

那么，学生怎么提高眼界呢？老师们首先要做到"眼高"。人外有人，山外有山，当你在一定的圈子和范围内，已经做到优秀，就必须走出去，突破舒适区。去看看更高的山峰、更广阔的世界。持续学习，维持"眼高"的状态，才能带出"眼高"的学生。就比如，如果我们没有看过NBA（美国职业篮球联赛），我们就不会知道，我们的篮球水平与世界级的差距有多大。现在，我们通过互联网，所有世界最高水准的东西，其实都更容易看到了。这时，我们应该让它变成一种动力，这样你就知道如何去设立标准、锁定方向，以及如何前行。

阶段3 眼高手高

经历了很长一段时间的学习和积累，到了一定水平之后，我们就不能满足于眼高手低了。"眼高"了之后，必须有一些方法去提升自己的能力，让你的"手"也跟着提高，去追上"眼"的高度。

举个例子，我从6岁开始学书法。练书法的第一步，要先去看字帖，知道好看的字是什么样的，知道这个领域的名人大家的字是什么样的。然后就是不断地临帖，去模仿，对照足够高的标准去练习。经过长时间勤奋的磨炼，慢慢你的字也能达到很高的水平。接下来，就要脱离字帖来写字，最终形成属于你自己的"体"。

再拿化妆学习来说吧，在学习的过程中，要不断地看真正好的东西。什么叫作"真正好的东西"呢？例如主流时尚杂志的美妆片、一线品牌的广告大片、活跃在国际时尚舞台的化妆大师们的作品，这是这个行业里顶级艺术家们的作品，是化妆领域里的最高标准。经常看、观察、研究这些东西，在脑海中形成深刻印象，然后尝试着靠近和模仿。练习的过程中，一定会不断地发现问题，找到自己与大师的差距在哪里，思考如何修正和改进，再不断去尝试。在高标准的审美前提下，经过长时间的刻意练习，技术大幅度提升，逐渐就形成了自己的风格。

这就是从眼高手低，变成眼高手高的过程了。几乎不会有人，不经历眼高手低的过程，就直接到达眼高手高的阶段，眼高手低是个重要的必经过程。

阶段 4 眼低手高

在这个阶段，虽然技术已经非常高，但还是把自己的位置放低。这时候的"眼低"，指的是谦逊的态度，对于我来说，这是终极的人生阶段，还需要经过很多年的积累。

有人曾把毕加索 16 岁的画和 80 多岁的画做了对比。他 16 岁时已经有超乎常人的绘画天赋，绘画技术非常精湛，画作逼真且符合主流的商业审美。而他 80 多岁的画则看似普通，有些人开玩笑说："我现在已经达到了大师 80 多岁的水平。"也有人说这是画家技艺的退步，是对艺术的不尊重。

但毕加索曾说过一句话："我 14 岁就能画得像拉斐尔一样好，但我用了一生，才学会如何像个孩子一样去画画。"如果你能够理解这句话，就能够理解什么叫"眼低手高"了。

孩子的内心，是最纯净的。孩子的感知力，也是最敏锐的。如果他们看到了美好，就会用画笔去表达美好，自由自在，没有任何束缚。但成人的世界，有太多禁锢，在意这幅画够不够好，有没有展现足够的技巧，别人会怎么评价……

这是一个艺术家人生态度的转变，是他用了一生的时间去感悟生命后释放的本性，是洗尽铅华，艺术的返璞归真。也正说明他发现了艺术和生命的本质。他用心灵去作画，寻找像一个孩子一样的简单和纯真。

有人这样评价毕加索：

在 16 岁时，只看见天上的星星，画的是整个世界。而在 80 岁时，却能看到手边的青草，画的是自己的内心。

毕加索《科学与仁慈》作于 1897 年

毕加索《卡米洛·何塞·塞拉》
作于 1968 年

当我第一次看到毕加索的这两幅画时，内心是震撼的。回归到极致纯净的内心，以极致纯粹的状态去做事情，真的不容易。而我自己呢，会努力去探寻更高更好的标准，不断学习和提高自己。不断从"眼高手低"，变为新的"眼高手高"。

这就好比登山，当你努力爬上了一个小山峰，看到了脚下的风景，觉得好美啊！但只要你抬头往上看，还有一个一个更高的山峰，只有一步步给自己建立更高的目标，克服一个个困境，完成一个个挑战，继续往上走，才有可能看到更壮阔的风景。

十倍成长，
成为更好的你

这本叫作《化妆的哲学：改变人生的美妆秘籍》的书，为什么会大量地说到"成长"？这是因为我在 11 年的行业工作中，认识了上千名女性，教过上万名学生，遇到过太多迷茫、困惑、自我怀疑的女孩。在与这么多女孩的对话中，我也越来越感受到，变美、变好，由低谷攀上高峰，由暗淡走向闪光，靠的不仅仅是外表的改变，真正的内核还是我们内在的成长。

在这本书的最后一个章节，我想分享一些积累多年的学习建议，或者说是成长心法。如何提升自我价值？说得简单一点，就是如何成为更"贵"的你？这个"贵"指的不仅仅是收入，更多的是你的真正价值，包括外在能力与强大的内核。以下方法和心得，不仅针对化妆行业，对几乎所有职业领域都适用。

跟着对的人学习

在你的成长路上，找到一位好老师，真的太重要了！一个优秀的老师，能够帮助你在职业发展的道路上大大提速！如何去选择一个真正适合你的、优秀的老师呢？答案很简单，看他的成绩、作品和客户。也就是说，他自身必须是在行业内已经有成果的人。就拿我来说，我十年前刚转行时，读过两所专业化妆学校。但有那么几年，我是比较迷茫的。原因是自己的风格定位不够清晰，客户群体没有突破，没有得到什么显著的成绩，无法在市场上脱颖而出。

直到我遇到了我的师父，在她身边，我见到了行业内的顶级从业者。那时，我最常有的感受就是：我还差得太远了！我要再努力一点！

那时候除了跟着师父学习，我还有自己的化妆团队要去经营，很累，但特别有成就感！我非常感谢那三年，非常感谢我的师父，带领我飞跃式地成长。从那之后，我的作品越来越多，逐渐开始登上一线杂志，我也开始服务更多的商业广告，开始飞去国际四大时装周工作。我的化妆服务价格，相较于刚入行时，涨了50倍！我成为了澳大利业最贵的化妆师之一。

迷茫时，就把当下的事做好

我们为什么常常会觉得迷茫呢？

要先想想这个问题。最主要的原因就是自己积累得还不够，也就是见识还不够多，不知道自己真正想要什么，也就无法设立职业和成长目标，没有行动方向。

在设立目标时，不要太遥远，也不要太宽泛。

你的目标最好设置在一年之内，有清晰的衡量标准，越细致越好。

比如，"我想通过经营社交媒体提高影响力，获得更多的客户和工作机会"。

接下来要问自己："有多少客户算是更多？"

将目标具体化："每个月增加三个。"这样就有衡量标准了。

然后再问自己："那现状怎么样？是什么阻碍自己达成目标？"

"可能是行动力不够。"

接着思考，有什么办法提高行动力呢？

"每日做计划，复盘，坚持每天的微习惯打卡。"

这样是不是就清晰多了？后续再定期追踪行动和效果，如果有做得不好的地方，好好拆解分析是哪一个因素导致没做好。如果能改善的话，你会怎么做？这件事往小了说，是目标管理，但往大了说，就是实现梦想。梦想，不就是由一个一个的小目标组成吗？

另外，也千万不要因为自己目前没有目标，就觉得完蛋了！不是这样的。那是因为你还不够投入，没有找到你的"火花"。迷茫的时候，请继续学习、积累，去认识优秀的人、去体会、去观察、去感受、去思考，还是有很多重要的事情可以做。并且，请专注当下的事。别小看"专注"这件事，现代人，早就已经习惯一心二用，甚至一心三用的生活，一边写稿一边看剧，一边陪小孩一边刷手机。专注，对我们来说，越来越珍贵了。足够投入，这本身就是一种很厉害的能力。

打开眼界

除了跟对老师、做好目标管理、练习专注，你还要打开眼界、增长见识。想象一下，假如你想成为一个作家，如果你只是混迹在小学生里，即使你已经是全校第一，但你的写作水平仍然是小学生。而如果你平时读的书是《瓦尔登湖》《悲惨世界》《长恨歌》，并不断去学习钻研的话，你的文字水平一定会有质的飞跃，因为你学习的对象不一样了。

人是需要不断跳出舒适区的，为什么有"舒适区"一说？你在原本的生活和小圈子里，能力已经达到圈子里的平均或者较高水平，很容易会有"好像自己挺不错"的心理，人在这样的状态下，就会松懈、懒散、停在原地，被井底的天空所欺骗。而当你跳出了舒适区，一定会有一个特别难受的时期，你会觉得有压力、不适应、受打击，觉得追赶不上别人，而正是这些能够帮助你去直面真实的自己。

于是你调整好自己，努力学习和前进，直到能匹配这个新的区域的水平，并逐渐变得舒适，接着再让自己跳脱出更大的舒适区……

我从跟着雷工作的第一天，她就告诉我："只看最美好的东西。"

这句话一直影响我到今天，你经常看什么，就会靠近什么。

看美好的作品，你的妆容就会靠近这样的作品。

看美好的文字，你的写作就会靠近这样的文字。

跟着美好的人学习，你也会变得更美好。

跳出这口井，你会看到更壮阔的风景！

不断地践行吧

学习，可以分为两个部分："学"＋"习"。

学，就是吸收知识、思考、内化的过程。习，就是刻意练习。少了实践，是不可能真正掌握知识的。这当然不只是说化妆师的学习过程，更是我们关于人生的学习。比如，你知道减肥需要少吃多动，但就是不行动，所以瘦不下来。可以说，践行这个动作，比学更重要。迈出第一步，就是前进的开始。

孔子说得多好啊，"学而时习之，不亦说乎"。我们在学习和实践的过程中，会遇到种种阻碍和困难，当我们一个个去理解、面对、思考、克服、内化，看到自己慢慢进步，这难道不是一件快乐的事吗？

会，却不行动，等于不会。

知道，却不做，等于不知道。

你的人生很宝贵，请停止情绪内耗

"情绪内耗"是我们这几年常常听到的词，如果你去问十位女性，我猜至少有八位都觉得自己曾有过情绪内耗。什么叫作情绪内耗呢？就是当你在思考或决定一件事时，有过多的"心理信息加工"环节，想太多，要求过高，从而产生一种无形的压力，不安、焦虑、失去兴趣和动力，最终导致放弃。并且在内耗的过程中，你会感受到一种内在的隐形疲惫。如果我们把自己当作一块电池，情绪内耗会让你在什么都不做的情况下，持续降低电量。

究竟是什么导致了情绪内耗呢？专业的心理医生给出了几条主要原因。

①有完美主义倾向，或者说轻微强迫症，对自己要求过高。由于无法接受自己做不到100分，而宁愿不做，或者在过程中反复纠结。

②过于在意他人的看法。缺乏自信，很渴望得到他人的肯定，却又习惯性地贬低自己。这类人群也往往内心敏感，遇事容易多想。

③不会释放情绪压力。遇到高压状态时，不能做到张弛有度、适当休息，或者找家人朋友倾诉、纾解压力，习惯自己一个人扛。

长时间的精神内耗，就像一颗心理炸弹，很可能哪一天就会突然爆发，给我们带来严重的心理健康问题。我们应该如何减少情绪内耗，把自己从情绪的泥潭中解救出来呢？给大家几点建议，都是我自己亲身实践，也是我在弟子班中给学生们做辅导时会用到的方法。

首先，我们要学会把大目标拆分成一个个更容易的小目标，降低心理预期。例如减重这件事，如果你从第一天就设定目标："我要减30斤！我要练出马甲线！我要跑十千米！"然后每天纠结于这些较大的目标，你会很容易受打击，然后放弃。

但如果你能调整心态，将大的目标拆分成好几个阶段的小目标，每个阶段循序渐进，就能事半功倍。比如，先养成每周运动四次、每天晚饭后站立 15 分钟、每天吃四种蔬菜的习惯。基本一周你就能养成新习惯，而且，我敢保证，你的自尊水平会有大幅度提升！随后就是自我感受变好、自信提升，同时也会更有动力。坚持行动，接下来你的目标会一个一个实现。最终，你的大目标也一定会实现的。这也是一种"微习惯"的养成，别小看微习惯，它的力量非常强大！正因为简单、好执行，所以它能帮你迈出第一步，还能帮你找到一把通往成功的钥匙，这把钥匙叫作"行动力"。

　　其次，是改变信念。这里要说到一个著名的"情绪 ABC 理论"。A（Antecedent）是指个体遇到的主要事实，行为、事件，B（Belief）即个体对 A 的信念、观点（也就是我们如何看待这件事），C（Consequence）指事件造成的情绪结果。这是美国临床心理学家阿尔伯特·艾利斯在 20 世纪 50 年代提出的，他认为人的情绪是由他的思想决定的，合理的观念产生健康的情绪，不合理的观念导致负向的、不稳定的情绪。

　　如果用一个公式来解释这个理论的话，就是：A+B=C。其中 A 是已经发生的事件（不可改变），B 是我们对事件的信念或想法（可以改变），C 是后果或我们的感受。当发生一件让我们感到沮丧、悲伤、难过、嫉妒、愤怒、内疚的事时，我们往往想要通过改变 A，来改变 B。但 A 是已经发生的事实，是不可能改变的，

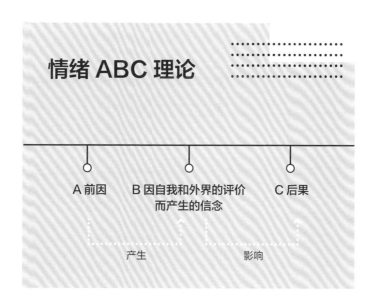

情绪 ABC 理论

A 前因　　　B 因自我和外界的评价　　　C 后果
　　　　　而产生的信念

产生　　　　　　　影响

不停地纠结于过去，只能让自己陷进负面情绪里。而如果能够积极地去改变 B，结果就完全不同了，例如：

　　A 英语的期中考试没及格→B 完了，我真的很糟糕，我可能真的不是学习的料→C 失去信心和驱动力，未来可能真的学不好英语了。

　　A 英语的期中考试没及格→B 我得好好分析和总结，看看哪个部分没掌握好，再巩固一下→C 学习越来越有成效。

　　我们曾听过很多人说，"如果我有 500 万存款，我就能开心""如果我脸再瘦一点，我就会自信""如果我的孩子能考上好大学，我就能幸福"……把注意力放在不可控也不可改变的事件 A 上，就错了，而这些也并不是令他们不开心、不幸福的原因，主要原因出在 B 上——面对事件的心态、感知幸福的能力。只有改变 B，才能真正地改变 C。

"冥早读写跑"，人生成长五件套

在《认知觉醒：开启自我改变的原动力》这本书中，作者提到早起、冥想、读书、写作和跑步，是人生成长之道的最低成本的 5 件套，我真的太赞同了！

早起和运动，其实就是我们的时间管理和身材管理。如果你曾尝试在早晨 6 点之前起床，你会发现在早晨头脑最清醒的几个小时里工作、看书、思考，效率和成果可能都比晚上要高很多，并且你能够很从容地度过一天。这样的一天，一定会带给你美好的感受。

运动能够带给我们的好处，在前面章节已经提到了。坚持运动，相信也是很多人渴望的生活状态，运动后不只是身材变好、皮肤变好，还让我们神清气爽、头脑清晰、充满能量。长期坚持，带给我们的是一种掌控感，也就是我们常常提到的一个词"自律"。

读书和写作，其实是不分家的。读书，就是在以最低的成本、最快的方式打开我们的认知，帮助我们建立更多更广的知识体系，直到这些知识体系在我们的脑中相互交错，织成了网络，我们的视野、思维方式，甚至是价值观，可能都会有所不同。读书，也是一个主动性的学习过程，是我们离开了校园，没有了升学、考试、排名等各种压力之后,自愿想要去获取知识的行为,这与被动学习的效果有着天壤之别。

相信很多人都已经了解并且赞同读书给我们带来的益处，但是写作呢？为什么说写作和读书一样重要？即使今天你不是一个文字工作者，也应该坚持写作，起码偶尔写一写。因为写作正是将我们在读书、学习过程中形成的知识网络，重新排列、获取、再输出的过程，它锻炼的是我们大脑的逻辑能力和我们的表达能力。这是太多人都渴望的能力了，像我在带弟子班的过程中，几乎每个人都提过这样的问题：如何提高表达能力？其实就是坚持读和写呀，这是最直接也最有效的提高表达能力的方法，而表达能力就是影响力。

说到冥想，好处太多了，可以帮我们提高专注力、记忆力，改善睡眠、减少焦虑和紧张感，增强身体免疫力，练习正念，感受内心深处的平静。如果能够每天坚持15分钟的冥想，长期坚持下来，身心都会得到巨大的改善。

"冥早读写跑"，这五件事之间是相互带动的，当你形成了一个习惯，你会自然自发地去开启下一个好习惯，会想去探寻自己是否还有潜能可以变得更好。这每一件事，都是要长期坚持的，都在提高自尊水平，自尊水平高才会自律，自律才是真正的自由啊！

持续学习，终身成长

无论你在做什么行业，成长型思维都有益于你的人生。世界很大，保持学习和谦卑的心态，你才有进步和成长的可能。终身成长，就是要学会如何面对逆境，如何在不确定性中学习和获益，这本身就是一种"反脆弱"。

固定型思维的人，相信能力不变，他们急迫地渴望成功，因为需要名望和财富带给他们优越感，去向其他人证明自己。成长型思维的人，永远不会把失败当作重点，他们有勇气敞开心扉去迎接变化和挑战，他们相信所有的能力都是可以锻炼和培养的。他们不相信所谓的天赋和天才，他们不贴标签，不活在脆弱里，他们只是脚踏实地、勤奋地去做自己热爱的事，长时间地保持对生活的激情，这就是最可贵的了。

最重要的是，我们的努力，不是为了让别人看见，而是为了遇见更好的自己！

后记

在此，我要深深感谢我的爸爸妈妈，如果没有他们一直以来对我无条件的爱和支持，我不会成为一个内心丰富和柔软的人，不会爱上色彩和化妆，更不会写出这本书；谢谢我的老公韩冬冰，如果没有他这么多年守护和支持我的梦想，我可能不会走上化妆这条路，也无法找到我此生的愿景；谢谢我的女儿小柚子，是她让我变得更温暖、勇敢、坚定，无论遇到任何事，心里都装着强烈又笃定的爱。

谢谢我的恩师Rae Morris，是她带我入行，给我最细致的教导，认识这个行业里最优秀的人，看到最震撼的作品，告诉我作为化妆师最重要的，就是培养一双看到美的眼睛；谢谢我的私人教练Ricardo Riskalla，八年来的训练改变的不仅仅是我的健康，更是我看待自己与世界的方式。

谢谢化学工业出版社和我的编辑Margaret，在我创作第一本书的整个过程中给予了我很多的宝贵建议、无尽的耐心和理解；谢谢我的摄影师，也是多年挚友Calvin Wang 为我的书创作出了这么多美好的作品，没有人会比他更适合拍摄这本书；谢谢这些美好的面孔Angela、Lane、Sherry、Sirena、Eva、Yunn Ru和Olivia，作为我的模特出现在这本书里；谢谢插画师何明明，为这本书增加了很多生动的画面；谢谢远在杭州的摄影师小贺，在我每一次推出化妆刷时，都帮我的刷子们拍下如此绝妙和优美的照片。

谢谢我们团队的编辑西嗷，帮我做校对和排版，我永远可以相信她的美感；谢谢我的助手Winnie、Andy、Stella和Angelina，在拍摄过程中为我提供的所有协助；谢谢蕊姐美妆学院的所有团队成员，这几年来一直在为我们共同的愿景努力付出。

最后要谢谢我的所有学生和读者，给予我那么多力量，如果没有你们，绝不会有这本书！